U0171833

钛合金超塑成形/扩散连接技术及应用

李志强 著

国防工业出版社

·北京·

内容简介

本书从钛合金材料入手，介绍了钛合金的特点、分类、变形机制及其在航空领域的应用情况，总结了钛合金结构常见的几类成形方法，由此引出可实现钛合金空心结构制造的超塑成形/扩散连接（SPF/DB）技术。针对该技术，分别阐述了超塑性和扩散连接的原理、机制及影响因素，提出单层板、两层板、三层板、四层板等典型 SPF/DB 结构的特点及应用对象。结合四种典型结构特点，详细介绍了 SPF/DB 工艺原理和工艺路线，提出了基于工艺可行性的结构参数设计原则、工艺参数选取准则以及模具设计方法，采用数值模拟和实验验证相结合的方法，深入分析了壁厚均匀性、表面褶皱、局部破裂、表面阶差等质量缺陷的控制方法。在 SPF/DB 结构形状控制的基础上，进一步揭示了 SPF/DB 过程中材料的显微组织变化、空洞及扩散连接界面缺陷演变规律，并对 SPF/DB 后材料的静力性能和疲劳性能进行表征，用以指导 SPF/DB 结构制造过程的性能调控。综合考虑 SPF/DB 结构的形状和性能要求，全面概括了外形、内部结构、扩散连接界面质量及残余应力检测方法，并基于应用需求详细介绍了 SPF/DB 结构的设计和性能考核评价方法。

本书不仅可供从事超塑成形/扩散连接技术专业方向的科研人员和工程技术人员阅读，而且对于材料加工相关领域研究人员也具有较高的参考价值。

图书在版编目（CIP）数据

钛合金超塑成形/扩散连接技术及应用 / 李志强著.
—北京：国防工业出版社，2022.8
ISBN 978-7-118-12541-2

Ⅰ. ①钛⋯ Ⅱ. ①李⋯ Ⅲ. ①钛合金—超塑性成型②钛合金—连接技术 Ⅳ. ①TG146.23

中国版本图书馆 CIP 数据核字（2022）第 123058 号

※

*国防工业出版社*出版发行

（北京市海淀区紫竹院南路 23 号　邮政编码 100048）
三河市腾飞印务有限公司印刷
新华书店经售
*
开本 710×1000　1/16　印张 15¼　字数 274 千字
2022 年 8 月第 1 版第 1 次印刷　印数 1—1500 册　定价 128.00 元

（本书如有印装错误，我社负责调换）

国防书店：(010)88540777　　　发行邮购：(010)88540776
发行传真：(010)88540755　　　发行业务：(010)88540717

序一

20 世纪 80 年代初,中国航空制造技术研究院的前身北京航空工艺研究所开始超塑成形/扩散连接(superplastic forming/diffusion bonding,SPF/DB)技术研究,1986 年组建以 SPF/DB 技术为重点的航空钣金成形技术研究室,李志强是第一批成员,一干就是 36 年,我见证了 SPF/DB 技术 40 多年的发展之路,也见证了李志强为代表的一批科研人员的成长历程。回想当年的"一无所有、举步维艰",再看如今的"百花齐放、欣欣向荣",是以现任中国航空制造技术研究院院长李志强为代表的一批 SPF/DB 专家和技术人员,凭着一股"择一事,终一生"的坚持,将 SPF/DB 技术从一棵小树苗培育成了参天大树,为我国航空制造技术发展做出了突出的贡献,让我感到十分欣慰。

经过多年的持续研究,中国航空制造技术研究院取得了一大批 SPF/DB 技术创新成果,材料体系从钛合金拓展到铝合金、铝锂合金和金属间化合物;结构形式从单层板复杂形状结构和两层板结构发展到多层板空心整体结构,大幅度减少零件数量和结构重量,对飞行器整体性能的提升提供了适用的技术,同时,由于提升了材料利用率,减少了加工工序,显著降低了制造成本,因此,基于 SPF/DB 技术开发的系列薄壁轻量化结构在多型飞机、发动机和导弹中取得了很好的应用效果。

本书是作者对过去 30 多年从事材料超塑性、SPF/DB 技术研究和应用的高度凝练,在基础研究方面,阐述了扩散连接和超塑性变形机制;在技术研发方面,系统介绍了 SPF/DB 结构优化设计、工艺过程质量控制和缺陷控制方法;在性能评价方面,重点介绍了变形后的材料以及 SPF/DB 结构的疲劳性能。书中大量的数据、实例为首次公开,相信本书对设计师、工程师研发新型飞行器、解决型号攻关和生产中的问题能够起到启发作用,对于从事塑性变形研究的学者具有较高参考价值。我作为航空制造科研战线的一名老兵,期望大家能够更多阅读像《钛合金超塑成形/扩散连接技术及应用》这样的精品,承前启后,不断继承和创新发展,为我国先进制造技术和航空事业蓬勃发展不断注入新动力。

2022 年 5 月

关桥,中国工程院院士。

序二

  收到多年同行好友李志强先生的邀约，希望我能够为他即将付梓的专著作序，感到非常高兴。本书作者李志强先生作为伦敦帝国理工学院的客座教授，多年来我们之间在金属成形的理论和技术方面开展了广泛、深入的交流，建立起深厚的友谊，这种相互尊敬、相互信任的友谊关系是我非常珍惜的。

  李志强先生治学严谨，精益求精，大胆创新与实践，理论功底深厚，工程经验丰富。他30多年潜心钻研超塑成形/扩散连接（SPF/DB）技术，将理论研究和工程实践、微观机理与宏观表征、数值模拟与实验验证紧密结合，揭示了钛合金SPF/DB空心夹层结构的控形控性机制，建立了材料、工艺、检测和装备完整技术体系以及相关技术标准体系。他成功将基础理论和工艺技术应用于工程实践，解决了多种航空航天复杂钛合金轻量化结构产品制造难题，在SPF/DB专业领域具有很强的代表性。

  本书是李志强先生多年科研攻关工作和工程实践经验的系统总结和高度凝练。内容全面、系统、新颖、深入浅出、创新性强，具有很高的学术价值和极强的工程实用价值。如：将材料微观组织与产品宏观性能建立映射联系；揭示材料成形过程中组织演变规律；制订结构参数设计原则和工艺参数优化准则；形成轻量化整体结构质量控制与检测方法；等等。这些都体现了作者多年深厚的学术理论积淀和丰富的工程经验积累，是学术和工程领域的知识财富。本书的出版对SPF/DB技术研发、推广应用和人才培养具有重要的借鉴和指导意义。同时对从事其他方面金属成形的研究者也有广泛的参考作用。

  本书书稿让我爱不释手，每读一遍都有不同收获，也感谢好友李志强先生给我提供难得的学习机会，对我个人科研工作也有很大的启发。在此，我向从事金属成形技术研究和应用的研究人员和工程技术人员推荐本书，相信本书能拓展您的视野、启发您的思路。

于英国伦敦帝国理工学院

2022 年 5 月

林建国，（英国）皇家工程院院士。

前　　言

钛合金具有密度低、比强度高、比刚度大,优异的抗疲劳、抗腐蚀性能等优点,在航空航天、石油化工、生物医学等诸多领域获得了广泛应用。钛合金室温塑性低、变形抗力大,塑性成形难度大,但在特定的温度、应变速率和显微组织条件下,钛合金具有超塑性,而且,对于某些特定的材料,在超塑成形温度下原子处于非常活跃的状态,有利于扩散连接。因此,将超塑成形与扩散连接技术结合起来,即超塑成形/扩散连接(SPF/DB)技术,可用于制造具有复杂外形曲面的空心整体结构,实现重量降低的同时,提高结构刚度,被广泛应用于航空航天器结构的制造。

为了推动钛合金 SPF/DB 技术在相关领域的推广和应用,加速我国 SPF/DB 技术人才培养,本书作者结合研究团队多年来在 SPF/DB 技术方面积累的工程应用经验和研究成果,重点从材料、工艺、检测、应用等方面,系统归纳、总结了钛合金 SPF/DB 工艺特点、多层结构设计准则、工艺优化方法、质量控制与检测手段等内容。本书不仅可供从事 SPF/DB 专业方向的科研人员和工程技术人员参考应用,而且对于材料加工相关领域研究人员也具有较高的参考价值。

本书是在综合研究团队多年的工作基础上总结而成的,在此向在 SPF/DB 技术方向不断耕耘,为推动该技术持续发展应用,并为本书撰写提供宝贵素材和建议的同事致以诚挚的谢意。书中还引用了国内外同行的研究工作和成果,在此一并表示感谢。本书撰写过程中得到了我的同事和学生的大力支持和帮助,参加本书撰写的有韩秀全、邵杰、陈玮、曲海涛、韩晓宁、杜立华、邓瑛、慕延宏、张宁、刘运玺、李晓华、赵冰、张艳苓、许慧元、付明杰、张兴振、周丽娜、刘胜京、邓武警、张纪春、王敬钊、付鑫、吴琼、马利霞等。在此,向他们为本书成稿付出的心血表示衷心的感谢。

希望本书能对从事航空航天结构设计与制造的科研工作者和工程技术人员有所借鉴和帮助。由于作者水平所限,难免有不足或不当之处,敬请广大读者批评指正。

李志强

2022 年 3 月

V

目　录

第1章
钛与钛合金

地壳中的钛(Ti)含量丰富,约占总质量的0.6%,在结构金属材料中居第4位,仅次于铝、铁和镁。钛元素最早由英国矿物学家William Gregor于1791年发现。此后的100多年,世界各国不断研究并改进钛元素的提炼方法,直到1932年卢森堡化学家Wilhelm Kroll发明镁热法后,钛开始逐步进入商业化生产阶段。钛合金因其高比强度、良好的耐腐蚀性而广泛应用于航空航天和化学工业,后来逐步拓展到包括冶金、电力、建筑、能源、生物医药、运动休闲及交通运输等众多领域。

1.1　钛合金及其分类

世界范围内已开发的钛合金成分有上百种,其中常用的约30种。如按照材料特性来归类,可分为低强度高塑性钛合金、中强度钛合金、高强度钛合金、损伤容限型钛合金等;如按照应用领域归类,可分为结构钛合金、耐蚀钛合金、高温钛合金等;如按照组织特征来归类,可分为α型钛合金、α+β型钛合金和β型钛合金。事实上,不同的分类方法都源自钛合金中α相与β相的基本特征。

1.1.1　晶体结构

纯钛的密度为$4.5g/cm^3$,熔点为1668℃,同素异构转变温度(又称为β转变温度)为882.5℃。在低温时,钛具有密排六方(hcp)结构,称为α相;在β转变温度以上,钛则具有体心立方(bcc)结构,称为β相,其晶胞如图1-1所示。钛合金中β→α相变满足伯格斯关系,即$(110)_\beta//(0002)_\alpha$,$[1\bar{1}1]_\beta//[11\bar{2}0]_\alpha$。相变过程中,$(110)_\beta$转变为$(0002)_\alpha$,$[1\bar{1}1]_\beta$转变为$[11\bar{2}0]_\alpha$。如图1-2所示,每个$(110)_\beta$晶面有两个$<1\bar{1}1>_\beta$晶向,其中有一个$[1\bar{1}1]_\beta$晶向直接转变为与

$[\bar{2}110]_\alpha$ 方向平行,而另一个 $[\bar{1}\bar{1}1]_\beta$ 晶向则与 $[11\bar{2}0]_\alpha$ 存在 10.5° 的角度差。

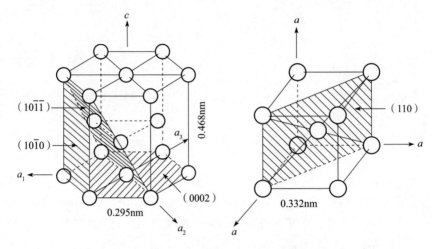

图 1-1　钛合金 α 相(hcp)和 β 相(bcc)晶胞示意图

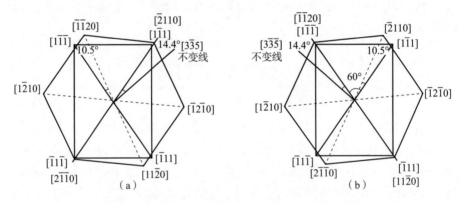

图 1-2　钛合金 α 相与 β 相伯格斯取向关系示意图

(a)变体选择 1;(b)变体选择 2。

　　α 相和 β 相的晶体结构及晶格参数的差异会在界面处产生晶格畸变。当界面范围较小时,两相原子所占据的位置恰好为两相点阵的共有位置,形成共格界面;随着界面范围的扩大,两相原子的错配度也不断增大,晶格畸变引起的弹性应变能迅速增加,共格界面难以维持,界面处将产生刃型位错或结构台阶以降低弹性应变能。钛合金中的 α 相与 β 相界面以台阶状的半共格界面为主,相变过程中 α 片层以台阶机制增厚和变宽,台阶沿着晶格不变线 $[\bar{3}35]_\beta$ 逐步降低(图 1-3)。

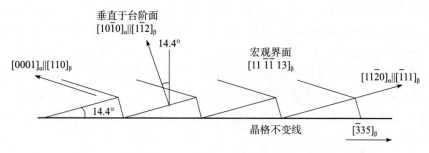

图 1-3　α 相与 β 相界面的结构

▲1.1.2　冶金学

钛合金的同素异构转变及不同的晶体结构是显微组织和性能调控的基础。同素异构转变温度主要取决于合金元素的种类和含量。根据对同素异构转变温度影响的不同,Ti 的合金元素被分为 α 稳定元素、β 稳定元素和中性元素。α 稳定元素可以提高 Ti 的 β 转变温度,β 稳定元素则可降低 β 转变温度,而中性元素对 β 转变温度的影响很小。常见合金元素对钛合金相图的影响如图 1-4 所示。

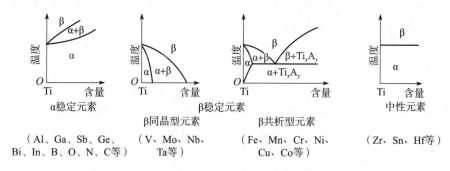

图 1-4　合金元素对钛合金相图的影响

α 稳定元素能够固溶于 α 相中,扩大 α 相区并提高相变点,主要包括 Al、Ga、Sb、Ge、Bi、In、B 以及杂质元素 C、O、N 等。其中,Al 是钛合金中最重要的 α 稳定元素,是唯一可以提高 β 转变温度的普通金属。Al 与 Ti 形成置换式固溶体,起到固溶强化作用,同时可降低合金密度。根据 Ti-Al 二元相图,Al 在 Ti 中的极限溶解度为 7.5%,因此钛合金中的 Al 含量通常不超过 7%,防止形成有序相 $Ti_3Al(\alpha_2)$ 而降低合金的塑性、韧性及抗应力腐蚀能力。此外,Al 的密度与原子半径比 Ti 小,可以使 β 钛合金固溶体的原子间结合力增强,提高合金的比强度,而塑性无明显降低。同时,Al 还可以改善合金的抗氧化性,显著提高其再结晶温度,改善热强性。在合金制备过程中,通常以铝豆、V-Al 或 Mo-Al 等中间合金的形式把所需要的 Al 元素加入钛合金中,这样可以降低合金成本,同时避免熔炼产生高密度夹杂。间隙元素 O、C 和 N 等也可以起到稳定 α 相的作用,提高合金强度,但也会降低合金塑性,实际生产中要严格控制其含量。B 元素被称为金属材料的维生素,在钛合金中添加少量的 B 元素,可以细化晶粒并改善合金性能。由于固溶度较低,其他的 α 稳定元素,如 Ga、Ge 和稀有元素通常不被用作合金元素。

β 稳定元素能够固溶于 β 相中,扩大 β 相区并降低相变点,可以细分为 β 共析型元素和 β 同晶型元素。β 共析型元素可以和 Ti 发生共析反应形成金属间化合物,主要包括 Fe、Mn、Cr、Co、Ni 和 Cu 等。Fe 是较强的 β 稳定元素,但熔炼时易产生偏析,影响热稳定性,因而添加较少,通常用于某些低成本钛合金中替代昂贵的 V 元素。添加 Cr 元素可使合金有较好的热处理强化效果,但在高含量时容易析出化合物,降低塑性。Mn 可以提高合金强度和塑性,但易产生共析分解,在早期钛合金设计中添加较多。Si 可以提高合金热强性和耐热性,在大多数高温钛合金中较为常用,但含量一般不超过 0.5%。其他元素,如 Cu、Ag 和 Ni 等的应用很少。β 同晶型元素与 Ti 具有相同的晶格结构和相近的原子半径,可以在 β 相中无限固溶,扩大 β 相区,增强 β 相稳定性,主要包括 Mo、V、Nb、Ta 等元素,其中 Mo 的 β 稳定化效应最大。Mo、V 是 β 钛合金中最常见的添加元素,它们能以置换方式大量进入 β-Ti 中,并在强化合金的同时保持较高的塑性,提高淬透性(快冷至室温保留 β 相的能力)。此外,Mo、V 还能抑制因添加 Al、Fe 和 Cr 等元素后可能发生的包析或共析反应,提升 β 钛合金的组织稳定性。Nb 的强化作用较弱,但可提高钛合金塑性及韧性,也作为常用元素添加于钛合金中。Ta 的强化作用最弱,且密度较大,在钛合金中用量较少。

中性元素对 β 转变温度影响不大,主要包括 Zr、Hf 和 Sn 等元素。Zr、Hf 与 Ti 原子尺寸十分接近,且性质相似,在 α 相和 β 相中均具有较高固溶度,高温强化作用较强,通常用于热强钛合金。Sn 元素的室温强化作用较弱,但能提高钛合金的热强性。

合金元素的种类和含量显著影响钛合金的相组成。图 1-5 为钛合金的二元相图。根据钛合金在室温下的相组成,可以将其分为 α 型、α+β 型和 β 型,常用的钛合金牌号及其 β 转变温度如表 1-1 所列。在实际生产和应用中,钛合金存在非平衡态组织,根据亚稳状态下的相组织和 β 稳定元素含量,还可以进一步细分出近 α 型钛合金与亚稳 β 型钛合金。

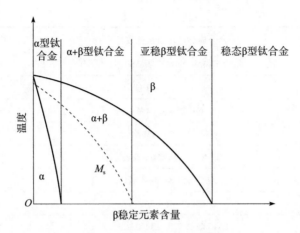

图 1-5　钛合金二元相图示意图(M_s 表示马氏体开始转变温度)

表 1-1　常用的 α 型、α+β 型和 β 型钛合金及其 β 转变温度 $T_β$

名称	合金成分/%(质量分数)	$T_β/°C$
α 型钛合金		
Grade 1	CP-Ti(0.2Fe,0.18O)	890
Grade 2	CP-Ti(0.3Fe,0.25O)	915
Grade 3	CP-Ti(0.3Fe,0.35O)	920
Grade 4	CP-Ti(0.5Fe,0.40O)	950
Grade 7	Ti-0.2Pd	915
Grade 12	Ti-0.3Mo-0.8Ni	880
Ti-5-2.5	Ti-5Al-2.5Sn	1040
Ti-3-2.5	Ti-3Al-2.5V	935
α+β 型钛合金		
Ti-811	Ti-8Al-1V-1Mo	1040
IMI 685	Ti-6Al-5Zr-0.5Mo-0.25Si	1020
IMI 834	Ti-5.8Al-4Sn-3.5Zr-0.5Mo-0.7Nb-0.35Si-0.06C	1045
Ti-6242	Ti-6Al-2Sn-4Zr-2Mo-0.1Si	995
Ti-6-4	Ti-6Al-4V(0.20O)	995
Ti-6-4 ELI	Ti-6Al-4V(0.13O)	975
Ti-662	Ti-6A1-6V-2Sn	945

续表

名称	合金成分/%（质量分数）	T_β/℃
IMI 550	Ti-4Al-2Sn-4Mo-0.5Si	975
β 型钛合金		
Ti-6246	Ti-6Al-2Sn-4Zr-6Mo	940
Ti-17	Ti-5Al-2Sn-2Zr-4Mo-4Cr	890
SP-700	Ti-4.5A1-3V-2Mo-2Fe	900
β-CEZ	Ti-5Al-2Sn-2Cr-4Mo-4Zr-1Fe	890
Ti-10-2-3	Ti-10V-2Fe-3Al	800
β-21S	Ti-15Mo-2.7Nb-3A1-0.2Si	810
Ti-LCB	Ti-4.5Fe-6.8Mo-1.5Al	810
Ti-15-3	Ti-15V-3Cr-3A1-3Sn	760
β-C	Ti-3Al-8V-6Cr-4Mo-4Zr	730
B120VCA	Ti-13V-11Cr-3Al	700
Ti-5553	Ti-5Al-5Mo-5V-3Cr-0.5Fe	855

α 型钛合金包含两类：一类为工业纯钛；另一类为含有少量 α 相稳定元素和其他元素的钛合金。工业纯钛按照氧含量分为不同级别，其强度不高但塑性与焊接性良好，一般用于对耐蚀性要求高的场合，长期工作温度可达 300℃。α 型钛合金的 β 相转变温度较高，室温时平衡相为 α 相，组织稳定且高温性能好，是发展耐热钛合金的基础。α 型钛合金对组织类型和热处理不敏感，无法通过热处理强化，因而一般只具有中等强度。

α 型钛合金中加入少量 β 稳定元素（<2%）后形成近 α 型钛合金，其退火组织中含有少量 β 相或金属间化合物。近 α 型钛合金具有良好的可焊性、热强性和热稳定性，最高使用温度可达 600℃。根据铝当量的不同可以细分为低铝当量近 α 型钛合金和高铝当量近 α 型钛合金。前者主要特点是室温拉伸强度较低，塑性和热稳定性好，具有良好的焊接性和成形性能，适用于制作形状复杂的板材冲压件及焊接件，典型牌号如 TC1 和 TC2。后者铝含量相对较高，主要用于热强钛合金，通常以锻件形式应用。目前航空领域应用最广泛的高温钛合金包括 IMI834、Ti-1100、Ti-6242S、BT36、Ti60 等。

α+β 型钛合金同时含有 α 稳定元素与 β 稳定元素，平衡状态下为 α+β 两相组织，通常以 Ti-Al 为基。工业用 α+β 型钛合金的组织中多以 α 相为主，为了进一步强化 α 相，可以补充少量的中性元素 Sn 和 Zr。虽然 β 相稳定元素的固溶强化效应并不明显,但较低的含量就可以得到淬火 β 相,经过退火或时效处理后可显著提高合金强度。α+β 型钛合金的性能除受 β 相稳定元素含量影响外,还与材料加工和热处理过程有关。通过控制合金成分与加工工艺可对显微组织进行调控,满足不同的性能需求。与 α 型钛合金相比,α+β 型钛合金的高温稳定性稍低,使用温度上限在 500℃ 左右。常用的 α+β 型合金有 Ti-6Al-4V、Ti-6242、Ti-62222S、TC11、TC17 和 TC21 等,其中 Ti-6Al-4V 在航空航天领域的应用最为广泛。

β 型钛合金分为亚稳 β 型钛合金和稳态 β 型钛合金。亚稳 β 型钛合金在淬火状态下具有优异的塑性和良好的焊接性能,经时效后在 β 相基体中析出的细小 α 片晶大幅提高合金强度。采用不同的固溶与时效温度、冷却速率可对 α 片晶的尺寸、形貌、分布及体积分数进行调节,进而调控合金的各项力学性能,某些合金的抗拉强度可达 1500MPa 以上。亚稳 β 型钛合金可用于制造大型结构件,常见的牌号有 Ti-5553、Ti-10-2-3、β-21S、β-C、Ti-15-3 等。当 β 相稳定元素超过一定临界含量后,β 转变温度降至室温以下,退火后全部为稳定的单相 β 组织,称为稳态 β 型钛合金。此类 β 型钛合金的 β 相稳定元素含量较高,具有很高的抗腐蚀能力,如 TB7、Ti40 和阻燃钛合金 Alloy C。然而,过多的 β 相稳定元素使得合金密度增大,熔炼和铸锭开坯变得困难,在一定程度上降低了稳态 β 型钛合金的可加工性。

1.1.3　显微组织

钛合金的热加工方式包括变形、固溶、时效、去应力退火等过程。根据合金元素含量和冷却速率,钛合金可以通过马氏体转变、形核与扩散生长两种方式完成固态相变。钛合金的显微组织取决于成分及热加工参数,典型的显微组织包括魏氏组织、网篮组织、双态组织、等轴组织四种(图 1-6)。

(1) 魏氏组织:在 β 单相区内对钛合金进行热加工可得到魏氏组织,它由相互平行的片状 α 和相间的原始 β 片层组成。工业生产时,先在流动应力较低的 β 相区内对钛合金进行变形,随后在 α+β 相区内变形,最后在高于 β 转变温度下退火,缓慢冷却后得到片状魏氏组织。冷却过程中,α 相先在原始 β 晶界处形核,然后沿着界面能较低的特定晶面长大形成 α 片层,相邻的 α 片层间隔着原始 β 片层。α 相与原始 β 相之间严格遵守伯格斯关系,两相的密排面和密排方向相互平行。魏氏组织的断裂韧性、抗裂纹扩展能力、蠕变强度优异,但其塑性、疲劳强度、抗缺口敏感性、抗热盐应力腐蚀性较差。

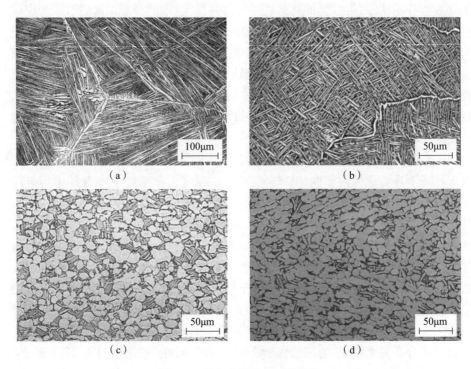

图 1-6　钛合金的典型显微组织
(a)魏氏组织;(b)网篮组织;(c)双态组织;(d)等轴组织。

(2) 网篮组织:通过在 α+β 两相区的适量变形后冷却可形成网篮组织,特点是晶界 α 相勾勒出原始 β 晶粒轮廓,原始 β 晶粒呈现拉长形态,其内部的片状 α 相交错排列呈现网篮状。冷却速率与变形量是影响网篮组织形成的两个因素:从 β 相区冷却的速率越快,过冷度越大,β 基体中 α 相的形核点越多,越有利于网篮组织的形成;在 β 单相区经过一定量的变形后,β 晶粒内会形成的位错亚结构可成为 α 相的形核点,也促进了网篮组织的形成。网篮组织具有较高的蠕变强度、持久强度、冲击韧性、断裂韧性,但塑性较低。

(3) 双态组织:通过在 α+β 两相区的上部加热或变形可获得双态组织,它由等轴初生 α 相和 β 转变相组成。热加工处理分为 β 相区的均匀化处理、α+β 两相区变形、α+β 两相区再结晶、低温退火处理四个阶段。双态显微组织由等轴的初生 α 相和 β 转变组织组成,其晶粒尺寸一般比魏氏组织小,组织特征主要受均匀化和再结晶后的冷速以及再结晶温度的影响。双态组织中最重要的组织特征是初生 α 相的尺寸和体积分数,它随着再结晶温度的升高而减少。双态组织同时具有网篮组织和等轴组织的特点,其综合力学性能较好,塑性和疲劳强度较高,但断裂韧性和高温性能低于网篮组织。

(4)等轴组织:等轴组织的形貌受加热温度、变形方式、变形量的影响,温度越低,变形量越大,等轴α相的比例越大,晶粒尺寸越小。要得到等轴组织需要进行多火次的加热和变形,是否能够形成等轴组织的关键在于变形量大小,如果变形量不足,只会得到各种纤维状组织,甚至还会保留原始β晶界。一般来说,等轴组织和双态组织通过一定的热加工可以互相转变,但转变后晶粒尺寸会发生变化。等轴组织通常具有优良的强度、塑性以及疲劳性能,而抗裂纹扩展能力较差。

1.2　钛合金的变形机制与力学性能

塑性变形与晶体结构密切相关,钛合金α相与β相的特征决定了它的变形机制。在合金成分确定的情况下,通过加工与热处理过程控制两相的比例、形貌、分布是钛合金力学性能调控的基础。对于钛合金来说,强度、塑性、韧性、疲劳、蠕变等性能的影响因素复杂,很难在所有性能上达到最优,而是要根据不同零件对性能的需求进行取舍。

▲ 1.2.1　变形机制

金属塑性变形的难度按照面心立方(fcc)结构、体心立方(bcc)结构、密排六方(hcp)结构依次增加。对于钛合金来说,α相(hcp结构)的变形能力低于β相(bcc结构)。α相的滑移面主要包括基面(0002)、柱面$\{10\bar{1}0\}$、锥面$\{10\bar{1}1\}$、锥面$\{11\bar{2}2\}$;滑移方向包括$<11\bar{2}0>$、$[0001]$、$<11\bar{2}3>$,如图1-7所示。α相中最常见的滑移系为基面a滑移系$\{0002\}<11\bar{2}0>$、柱面a滑移系$\{10\bar{1}0\}<11\bar{2}0>$、锥面$a$滑移系$\{10\bar{1}1\}<11\bar{2}0>$。此外,锥面$<c+a>$滑移也是重要的滑移系,它通常发生在一级锥面$\{10\bar{1}1\}$上。

各滑移系发生的难易程度可采用临界分切应力(critical resolved shear stress,CRSS)表示,CRSS越小则塑性变形越容易发生。晶体中最容易启动的滑移面一般是最密排面,最容易发生滑移的方向为最密排方向。在室温下,钛合金α相的柱面a滑移系最易启动,基面a滑移系次之,锥面$<c+a>$滑移系最难启动。随着温度的升高,锥面滑移系的CRSS比基面和柱面滑移系下降更快。因此,在高温下,锥面$<c+a>$滑移更容易启动。

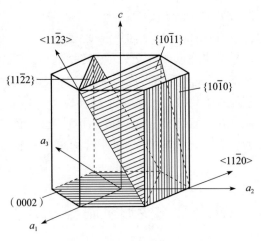

图 1-7　六方晶系的滑移系

孪晶也是钛的重要变形机制之一，主要有 $\{11\overline{2}2\}$ < $11\overline{2}\overline{3}$ > 孪晶系和 $\{10\overline{1}2\}$ < $\overline{1}011$ > 孪晶系。孪晶的形成可以协调 α 相沿 c 轴方向的变形。然而，随着铝含量的增加，孪晶变形的发生概率大幅降低，只有在极低的温度下才可能发生。随着温度的升高，位错滑移变得更容易，孪晶变形机制进一步被限制。因此，在常见的应变速率和温度范围内，钛合金在 c 轴方向的变形方式是锥面 < c+a > 滑移。

1.2.2　织构与各向异性

织构是多晶体金属中晶粒取向的一种择优分布现象，在宏观上材料组织和性能表现出各向异性，微观上晶粒取向表现为显著的偏离随机分布。织构在材料中普遍存在，常见的有铸造织构、形变织构、相变织构和再结晶织构等。织构的出现将导致多晶材料在力学、光学、电磁等多方面的性能表现出各向异性。晶体学织构一般受变形方式、变形程度、变形温度和再结晶退火等因素的影响较大，变形程度越大，织构强度通常会提高。

α 相钛合金是 hcp 结构，具有固有的各向异性。随变形温度和变形方式的不同，织构呈现出不同特征。在 900℃ 以下进行变形后，两种加工方法产生的材料以基面织构为主，轧制材料也呈现一定强度的柱面织构。在 900～930℃ 之间进行热加工，形成的织构很微弱；在稍低于 β 转变温度进行热加工时，轧制材料的 (0002) 极图中只显示出横向织构，而镦粗变形后，材料具有沿径向分布的织构。在 β 转变温度以上加工，材料形成立方织构。图 1-8 为变形温度和变形方式对 Ti-6Al-4V 合金织构影响的示意图。

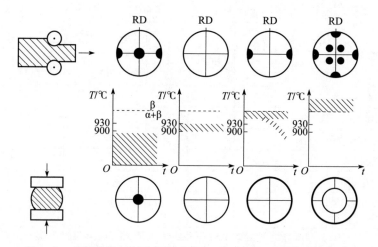

图 1-8　变形温度和变形方式对 Ti-6Al-4V 合金织构影响的示意图

变形后的钛合金经过退火形成再结晶织构。再结晶织构的形成受材料本身的晶体结构、原始晶粒尺寸、变形温度、变形量、加热温度及冷却速度、预回复及合金元素等诸多因素影响。再结晶织构在变形织构基础上形成,具有两种类型:①再结晶织构保持原有的变形织构;②在再结晶后新的织构取代原始织构。根据热力学原理,再结晶织构的形成是向系统自由能降低的方向变化。对于再结晶织构的形成机制一直存在争议,目前,定向形核和定向生长理论较为被人们接受。此后,定向形核-定向生长综合理论被提出,从而使这两种理论实现了互补。

◣ 1.2.3　力学性能

钛合金的显微组织参数包括原始 β 相晶粒尺寸、α 相片层团尺寸、α 相片层厚度、初生 α 相体积、初生 α 相尺寸等,这些参数的变化使得钛合金的力学性能可在较宽的范围变化。通过显微组织与力学性能的大量数据积累,学界采用回归分析、晶体塑性有限元、人工神经网络等方法建立了针对多种钛合金的性能预测模型。多数模型无法精确反映钛合金的力学性能与显微组织参数之间的复杂关系,因此计算值和实测值的偏差较大,普适性不强。

然而,从定性的角度来看,钛合金显微组织特征与力学性能的关系已基本形成学界共识(表 1-2)。例如,对于 α+β 型钛合金的全片层组织来说,α 相片层团尺寸是影响最大的因素,它决定了有效滑移长度。随着 α 相片层团尺寸的减小,钛合金的强度、塑性、高周疲劳性能均有提升。对于双态组织以及等轴组织,初生 α 相尺寸对于力学性能的影响趋势与 α 相片层团尺寸相似。β 型钛合金组织性能的定性关系见表 1-3。

表 1-2 α+β 型钛合金中重要的组织结构参数和部分力学性能之间的定性关系

显微组织特征	屈服强度 $\sigma_{0.2}$	伸长率 ε_{F}	高周疲劳（HCF）	微裂纹 ΔK_{th}	宏观裂纹			蠕变强度 0.2%
					ΔK_{th} (R=0.7)	K_{IC}	ΔK_{th} (R=0.1)	
小型 α 晶团,α 薄片	+	+	+	+	-		-	+/-
双态组织	+	+	+	+	-		-	
小型 α 晶粒尺寸	+	+	+	+	-		-	
时效,氧	+	-					+	+
β 相中次生 α 相	+	-	+	+	0		0	+
织构:应力轴与 c 轴平行	+	0	+(真空) -(空气)	0(真空) -(空气)	0(真空) -(空气)		0(真空) -(空气)	+

注:符号+、-、0 表示当显微组织参数变化时力学性能的变化方向,+表示性能提高,-表示性能降低,0表示无影响。ΔK_{th} 表示疲劳裂纹扩展阈值,K_{IC} 表示断裂韧性,R 表示应力比。

表 1-3 β 型钛合金显微组织参数与力学性能之间的定性关系

显微组织特征	屈服强度 $\sigma_{0.2}$	伸长率 ε_{F}	高周疲劳（HCF）	微裂纹 ΔK_{th}	宏观裂纹			蠕变强度 0.2%
					ΔK_{th} (R=0.7)	K_{IC}	ΔK_{th} (R=0.1)	
β 退火结构中的晶界 α 层	0	-	-	-	0	+	0	0
双相结构	+	+	+			+		0
L 向的项链形结构	0	+	+	+		+		0
L 向的 β 加工结构	0	+	+	+		+		0
降低的时效强化	-	+	+	+	+	+	+	-
β 转变组织中较小的 β 晶粒	0	+	+	+		+		0

　　疲劳是钛合金诸多力学性能中最为关键的性能,也是其在航空服役环境中失效的主要原因。影响钛合金疲劳性能的因素较多,包括合金的化学成分、显微组织、晶体织构、环境、试验温度以及承载条件(如载荷幅度、频率、载荷顺序或平均应力)等。对于 α+β 两相钛合金,疲劳性能除了受表 1-2 和表 1-3 中所列出的显微组织因素的影响外,还与组织类型有关。

　　图 1-9 展示了 7 种不同组织类型对 Ti-6Al-4V 合金疲劳性能的影响。对于光滑试样,α+时效魏氏组织的高周疲劳强度最高,随后依次是 β 加工全片层组织、双态组织和全等轴组织。其中,双态组织($15\%\alpha_p$,α_p 表示初生 α 相)的疲劳强度高于双态组织($50\%\alpha_p$),说明对于双态组织来说,α_p 的体积分数较小时疲

劳强度较好。α+过时效魏氏组织的疲劳强度低于 α+时效魏氏组织,这是因为过时效导致的显微组织粗化造成的。对于带缺口试样,β 加工全片层组织的疲劳强度最高,其次是双态组织和魏氏组织,最后是全等轴组织。然而,关于组织类型对钛合金高周疲劳性能的影响规律,其他研究者得到的结论和以上并不完全相同,赵永庆等认为全等轴组织具有较高的疲劳强度;Zuo 和 Niinomi 认为双态组织的疲劳强度高于层片状组织。G. Q. Wu 通过整理 1972—2013 年间发表的关于 Ti-6Al-4V 合金高周疲劳性能的数据,采用统计学方法分析了组织类型对 Ti-6Al-4V 合金高周疲劳性能的影响,他发现高周疲劳强度由双态组织、片层组织和等轴组织依次降低,但同时指出由于不同研究者的测试方法和热加工历程不同,可能会使得相同显微组织 Ti-6Al-4V 合金的疲劳性能数据产生差异。

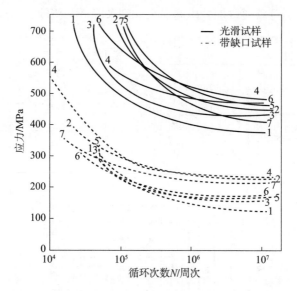

1—完全等轴组织;2—双态组织(15%α_p);3—双态组织(50%α_p);4—β 加工全片层组织;
5—β 水冷魏氏组织;6—α+时效魏氏组织;7—α+过时效魏氏组织。

图 1-9　不同组织类型对 Ti-6Al-4V 合金疲劳性能的影响

　　Ti-6Al-4V 合金疲劳性能还与具体组织特征参数有关(图 1-10)。对于片层显微组织来说,影响高周疲劳性能的组织特征主要是原始 β 相晶粒尺寸、α 和 β 集束尺寸,以及 α 相片层宽度。α 集束尺寸决定了片层显微组织中的有效滑移长度,它随着从 β 相区冷却速度的增加而减小,高周疲劳强度也随 α 集束尺寸的减小而提高。Peters 等发现,将片层组织中的 α 相片层宽度从 10μm 减小到 0.5μm 可以使其高周疲劳强度从 480MPa 提高到 675MPa。等轴显微组织中 α 相晶粒的尺寸决定了位错滑移长度,因此细小的等轴组织具有更高的高周疲劳强度。Trojahn 发现将等轴组织的 α 相晶粒从 12μm 减小到 2μm 使材料疲劳强度从 560MPa 提高到 720MPa。对于双态显微组织,影响高周疲劳强度的组织特征主要是初生 α 相晶粒尺寸和相含量、次生 α 相片层宽度和原始 β 相晶粒尺寸。Lütjering 研究发现,当初生 α 相含量相同时,细小的次生 α 片层能明显提高双态组织的高周疲劳强度。将 α 片层宽度从 1μm 减小到 0.5μm 可使疲劳强度从 480MPa 提高到 575MPa。次生 α 相片层宽度受冷却速度的影响,Hall 采用淬火和空冷两种不同的冷却方式,发现采用较快冷却速度能明显提高双态组织的疲劳性能。此外,高周疲劳强度通常随初生 α 相含量的增加而降低,这是因为初生 α 相在和 β 相分离的过程中合金元素将会重新分配,使双态组织中片层区域的基本强度低于全片层结构,从而影响材料整体的高周疲劳强度。合金元素重新分配的不利影响可以通过加入中间退火处理来降低和消除。

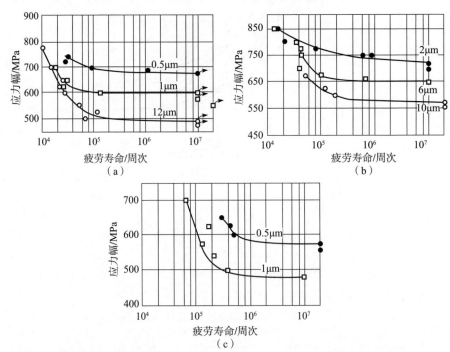

图 1-10 显微组织特征对 Ti-6Al-4V 合金高周疲劳性能($R=-1$)的影响

(a)片层宽度的影响(片层组织);(b)α 相晶粒尺寸的影响(等轴组织);(c)片层宽度的影响(双态组织)。

Wagner 等给出了 α+β 型钛合金典型的裂纹萌生位置。在片层组织中,裂纹在 α 相片层内的滑移带或沿原始 β 相晶界的 α 相处萌生。α 相片层宽度决定了抵抗位错运动以及疲劳裂纹萌生的能力,因此疲劳强度和屈服应力之间存在直接对应关系。对于等轴组织,裂纹通常沿 α 相晶粒内的滑移带形核萌生,因此疲劳强度与晶粒尺寸有较大关系。而在双态组织中,裂纹可在初生 α 相内萌生,也能产生于片层基体内、初生 α 相与片层基体界面处。确切的裂纹萌生位置与冷却速度、初生 α 相体积分数和尺寸等因素有关。

钛合金组织类型不仅影响疲劳裂纹的萌生,而且影响其疲劳裂纹的扩展行为。粗大片层组织、细小片层组织、粗大等轴组织、双态组织和细小等轴组织抗宏观裂纹扩展的能力依次降低,这和片层组织比等轴组织表现出更高的断裂韧性是一致的。然而,显微组织对微观裂纹扩展的影响规律却正好相反,粗大片层组织、细小片层组织、双态组织和等轴组织的抗微观裂纹扩展能力依次增加。图 1-11 给出了微观裂纹在具有粗大片层组织和等轴组织 Ti-6Al-4V 合金中的

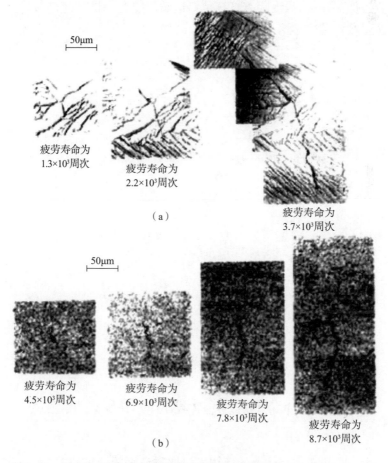

图 1-11　Ti-6Al-4V 合金中的微观裂纹扩展(应力幅 $\sigma_a = 775\mathrm{MPa}, R = -1$)

(a)粗大层片层组织;(b)等轴组织。

裂纹扩展行为。图 1-12 比较了 Ti-6Al-4V 合金中微裂纹和宏观裂纹的扩展行为。粗大片层组织抗微裂纹扩展的能力相比等轴组织较差,这与其相界面密度低有关。但对于抗宏观裂纹扩展能力而言,粗大层片组织优于等轴组织。这是由于裂纹前端几何特征和裂纹闭合效应所导致的附加裂纹扩展阻力所致,它们能够延缓宏观裂纹的扩展。针对具有细小片层组织和双态组织 Ti-6Al-4V 合金的裂纹扩展试验结果表明,其裂纹扩展曲线介于粗大片层组织和等轴组织之间。张庆玲进一步指出,片层组织和双态组织钛合金疲劳性能的差异是两种组织抵抗裂纹萌生及扩展能力的不同导致的。裂纹萌生由抵抗位错运动的晶格强度和位错滑移程两个因素决定,在低周疲劳条件下,由于应力较高,位错容易滑移,片层组织的位错滑移程远大于双态组织,裂纹易在片层组织中萌生;在应力较低的高周疲劳条件下,晶格强度代表抵抗位错运动的能力,对裂纹萌生起主要作用,随晶格强度增大,裂纹越不易萌生。

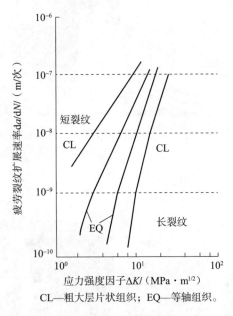

CL—粗大层片状组织;EQ—等轴组织。

图 1-12　Ti-6Al-4V 合金微观裂纹和宏观裂纹扩展行为的比较

1.3　钛合金在航空领域的应用及发展趋势

钛合金在飞机机体结构上的应用可以取得良好的减重效益,满足飞机高机动性、高可靠性和长寿命的设计需要,其用量已成为衡量飞机选材先进程度的一个重要标志。随着现代飞机结构引入损伤容限的设计理念,对钛合金也由单纯追求高强度逐渐向强度、韧性、疲劳寿命、裂纹扩展速率等性能的综合匹配发展。

　　早在 20 世纪 50 年代初,一些飞机上就开始使用工业纯钛制造后机身隔热板、机尾整流罩、减速板等次承力的结构件。20 世纪 60 年代,钛合金在机体结构上的应用扩大到襟翼滑轨、承力隔框、中央翼盒型梁、起落架梁、直升机桨毂等主要承力构件。随后,钛合金的应用扩大到军用运输机及民用飞机。80 年代以后设计的各种军用飞机中,钛合金的用量均在 20% 以上,F-22 飞机高达 41%。其中的 7 种主要钛合金为中强钛合金 Ti-6Al-4V,高强高韧钛合金 Ti-6242、Ti-1023、Ti-15-3,损伤容限型钛合金 Ti-6Al-4V ELI、Ti-6-22-22S 以及管材专用钛合金 Ti-3Al-2.5V,这些钛合金满足了飞机不同部位对钛合金的设计需求。此外,运输机用钛量也由早期服役的 C-5 的 6% 增至 C-17 飞机的 10.3%,伊尔-76 飞机用钛量达到了 12%。在民用航空领域,从波音最初的 B707 飞机用钛量为 0.5%,B777 增长至 7%,B787 飞机达到 15%;空客公司的新一代宽体客机 A350-XWB 的钛用量也提升至 14%,应用部位主要包括短舱接头、起落架、机翼吊挂、管路等。此外,钛合金与复合材料具有良好的化学相容性,由于复合材料的大量使用,钛合金的用量将进一步增加。有关预测表明,未来民用飞机中的钛合金的用量将达到 20%,在军用飞机中将提高至 50%。图 1-13 为典型飞机机身钛合金用量对比图。

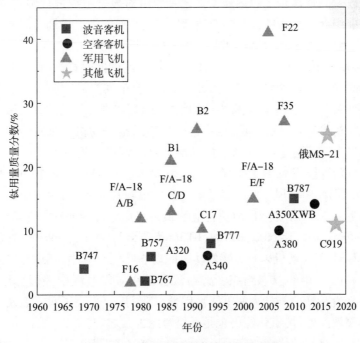

图 1-13　典型飞机机身钛用量对比图

　　中等强度的 Ti-6Al-4V 合金仍然是目前航空领域应用最为广泛的钛合金。在更高强度的钛合金中：一类是以 Ti-6-22-22S 合金（Ti-6Al-2Sn-2Zr-2Mo-2Cr-0.2Si）和 TC21 合金（Ti-6Al-2Sn-2Zr-3Mo-2Nb-1Cr-0.2Si）为代表的 α+β 型钛合金，使用强度在 1100MPa 左右，断裂韧性约 70MPa·m$^{1/2}$；另一类是以 Ti-10-2-3 合金（Ti-10V-2Fe-3Al）合金和 Ti-5553 合金（Ti-5Al-5V-5Mo-3Cr-0.5Fe）为代表的 β型钛合金，即通常所说的高强钛合金，其使用强度为 1100~1250MPa，断裂韧性 50~80MPa·m$^{1/2}$。Ti-10-2-3 合金具有比强度高、锻造温度低等优点，特别适用于热模锻或等温锻，已应用于 B737 飞机的短舱接头、C-17 大型运输机的起落架、B777 客机的起落架以及大型客机 A380 的主起落架支柱。Ti-5553、Ti-55531 两种合金与 Ti-10-2-3 合金相似，但具有更好的淬透性以及强度-塑性-韧性等综合性能匹配，主要用于飞机起落架、机翼/吊挂接头、起落架/机翼接头等要求高强高韧的部位。β-21S 合金除了具有较高的强度外，抗蠕变性能优良，用于 B777 飞机的蒙皮和各种纵梁结构。BT22 合金易于熔炼铸造，Fe 含量较低，产生偏析的倾向性小，且具有更优异的综合力学性能和淬透性，特别适合于制造大型锻件，已应用于伊尔系列运输机机身、机翼、起落架等高负载航空部件。在 BT22 合金基础上，同时添加 Sn 和 Zr 使强度和高温蠕变性能得到改善，形成了 BT37 合金。

　　通过改变高强钛合金的热加工工艺参数可对显微组织进行调控，进而获得不同的性能组合。高强钛合金的断裂韧性与抗裂纹扩展性能通常随着强度的升高而下降。对于关键承力结构来说，发生失稳断裂的最小缺陷尺寸与（断裂韧性÷屈服强度）^{2} 成正比，如果不能在提高屈服强度的同时提高断裂韧性，材料发生突然断裂的风险将大幅增加。因此，高强钛合金需要同时满足强度与韧性的匹配，才能够在应用中提高飞机零件的结构效率，实现更大的减重效果。

　　除飞机机身结构外，钛合金也广泛应用于航空发动机的风扇叶片、机匣、压气机叶盘叶片等部位。强度、塑性、韧性、蠕变、疲劳性能的良好匹配是满足高温、振动、气流冲刷等苛刻工作环境的必然要求。Ti-6Al-4V 合金的最高使用温度为 350℃，因此用于风扇叶片以及低压压气机叶片和叶盘，而高压压气机零件通常采用近 α 型钛合金。目前钛合金的最高使用温度为 600℃，以 Ti-Al-Sn-Zr-Mo-Si 系的 IMI-834、Ti-1100、BT18y、BT36 等合金为主，已在 Trent-700、EJ200、PW350、AL-31 等发动机以及涡桨发动机的离心叶轮上应用，其最佳显微组织为含有 15%初生 α 相的双态组织。高温钛合金在服役过程中表面会形成"α 相层"，导致塑性和疲劳性能大幅下降。因此，高温钛合金除了对强度及蠕变性能具有较高要求以外，抗氧化能力也是重要考虑因素之一。

　　从钛合金在发动机中的应用历程来看，早在 20 世纪 50 年代，美国普惠公司和英国罗尔斯·罗伊斯公司已在喷气发动机中使用了钛合金。随后,钛合金的用量不断提升。F100 等第三代航空发动机的钛合金用量为 25%,而 F119 等第四代航空发动机上升至 40%(表 1-5)。航空发动机的需求拉动了高温钛合金的发展,反过来也促进了其自身的推重比与燃油经济性的提升。

表 1-5　典型航空发动机用钛量

发动机型号	TF36	TF39	JT90	F100	F101	CF6	V2500	F119	GE90	Trent900
服役年份	1965	1968	1969	1973	1976	1985	1989	1986	1995	2005
装备机型	C-5A	C-5AB	B747/767	F-15/16	B1	A330 B747/767	A320 A321	F-22	B777	A380
钛用量/%	32	33	25	25	20	27	31	39	40	41

1.4　钛合金结构的成形方法

航空飞行器与发动机对结构轻量化、整体化、高可靠性的需求不断提升,给钛合金零件的制造技术带来了新的挑战。钛合金结构的成形方法主要有铸造、粉末冶金、增材制造和塑性成形等。根据零件的不同特征选择合适的成形方法,不仅可以用较低的成本获得所需的形状,而且还能改善材料的组织并提高性能。

1.4.1　铸造

钛合金熔模精密铸造是为满足航空薄壁零件的制造需求而发展起来的一种近净成形技术。目前,航空航天领域使用的钛合金铸件 98% 以上均采用熔模精密铸造工艺生产。此外由于开发了热等静压技术和热处理技术,可保证钛合金铸件质量接近于 β 退火的钛合金锻件。采用铸造技术可以生产形状复杂的零件,节省大量机械加工成本,提升制造效率。

由于钛具有高化学活性,在熔融状态下,会与目前常用的各种铸型材料发生反应,铸件表面与氧、碳或氮等形成硬脆的反应层。钛合金精密铸造曾采用熔模石墨型壳和钨面层陶瓷型壳,现应用最为广泛的是氧化物面层陶瓷型壳,常用的型壳材料为氧化钇、氧化锆等。钛合金铸件的熔炼浇注主要采用真空自耗水冷铜坩埚凝壳炉,通常根据浇注铸件的形状、尺寸及重量等,来确定采用重力铸造或离心铸造工艺。对于中小型形状简单的铸件,可以采用离心铸造来加快充填铸型的速度,提高其流动性和铸件致密度,而对于复杂构件和大型构件则通常采用重力铸造。钛合金铸件经过热等静压技术处理可以消除其中的疏松和气孔等铸造缺陷,细化铸造组织,可以改善其性能,甚至实现部分代替锻件使用。

美国、日本、德国在钛合金精密铸造方面发展最早。美国于 20 世纪 60 年代就开始了钛合金精密铸造技术研究,但直至 20 世纪 80 年代初,才开始大批量生产钛合金铸件。美国 Howmet 航空公司与德国 Tital 公司在 20 世纪 80 年代具备了尺寸在 400mm 以上复杂薄壁整体钛合金精密铸件的生产能力。随后,钛合金铸件的数量以每年 20% 的速度递增,这主要是由于通过熔模精密铸造技术可直接制造形状复杂的零件,材料利用率提高,生产周期大幅缩短。

新一代美国军用飞机在设计上提出飞机整体减重 50%、紧固件数量减少 80%、生产成本降低 25%、周期缩短 1/3 的目标。除广泛采用新材料外,还需使用大型整体精密铸件代替数量繁多的小零件。因此,钛合金大型整体结构件的精铸技术首先在 F/A-22、V-22 等军用飞机结构的制造上迅速推广。例如,V-22 倾转式旋翼机上的转接座使用了 Ti-6Al-4V 合金精铸件。Howmet 航空公司和贝尔直升机公司用 3 个钛合金整体铸件与 32 个紧固件代替了过去由 43 个铝合金锻件与 536 个紧固件制成的组件,整体重量显著降低,生产周期缩短 62%,制造成本也降低 30%。美国 F/A-22 战斗机机翼上的侧机身接头、垂尾方向舵作动筒支座与其他关键承力部位使用了 Ti-6Al-4V 合金精铸件,约占其整体结构质量的 7.1%。在 C-17 运输机上采用了厚度为 1.27mm 的 Ti-6Al-4V 合金薄壁钛铸件用作冷却装置等复杂部位。1999 年,B777 客机首次采用发动机后安装框架钛合金精铸件,这是钛合金精铸件首次在民用飞机上获得成功应用。A380 客机也采用钛合金刹车扭力管精铸件取代以往的锻件。目前,钛合金精铸件表面粗糙度 Ra 可以达到 6.3μm,仅需少量的处理就可满足使用要求。精密铸造适合批量生产形状复杂、表面要求高的小型钛合金零件,也适用于大型薄壁铸件的生产,最薄壁厚可达到 0.5mm。

1.4.2 增材制造

增材制造作为近净成形技术的一个新方向,是一种基于离散-堆积原理,采用材料逐层累加的方法由三维数模直接制造零件的技术。它无需模具,在一台设备上可快速精密地制造出复杂形状的零件,大大减少了工序并缩短了周期,尤其适合钛合金、高温合金等难加工材料的成形。零件结构越复杂,增材制造的成本和效率优势相比传统制造方法就越显著,尤其是在飞机研制,各种增材制造方法已发挥不可替代的作用。

钛合金的增材制造技术可分为直接能量沉积技术与粉末床熔化技术两个技术类别,再根据热源的不同,如今形成了激光熔粉沉积技术、电子束熔丝沉积技术、电弧熔丝沉积技术、激光选区熔化技术、电子束选区熔化技术 5 种主要技术。直接能量沉积技术效率高,平台柔性好,成形零件的尺寸大,还可在原有零件上进行修复和再制造,但缺点是不具备制造复杂空心结构的能力,成形的毛坯还需要经过较多的机械加工才能获得最终零件。相比之下,激光选区熔化技术的最大优点是其复杂精密结构的成形能力(如带有内流道的叶片或空间点阵结构),然而零件尺寸受到成形腔空间的限制。这 5 种技术各有优势,重要的是根据所需成形零件的特点来选择与之适应的工艺。直接能量沉积技术(激光熔粉沉积技术、电子束熔丝沉积技术、电弧熔丝沉积技术)适合于大型零件毛坯的快速成形,而粉末床熔化技术(激光选区熔化技术、电子束选区熔化技术)适合于小型复杂零件的精密成形。

激光熔粉沉积技术的起步较早,1995 年美国桑迪亚(Sandia)国家实验室开发出了激光束逐层熔化金属粉末来制造致密金属零件的技术,针对钛合金、高温合金、不锈钢等多种材料开展了大量工艺研究。1995 年起,美国国防部高级研究计划署和海军实验室联合出资,由约翰·霍普金斯大学、宾夕法尼亚州立大学和 MTS 公司共同开发了利用大功率 CO_2 激光器实现大尺寸钛合金零件的制造技术,并合作成立了 AeroMet 公司,实现了 Ti-6Al-4V 合金 $1\sim2kg/h$ 的沉积速率。AeroMet 公司获得了美国军方资助,开展了飞机机身钛合金结构件的激光熔粉沉积技术研究,完成了性能考核和标准制定,并实现 Ti-6Al-4V 合金次承力构件在 F/A-18 等飞机上的装机应用。

在熔丝沉积成形方面,美国 Sciaky 公司联合洛克希德·马丁与波音公司等合作开展大型航空钛合金零件的电子束熔丝沉积技术研究。洛克希德·马丁公司选定了 F-35 飞机的襟副翼梁作为电子束熔丝沉积成形的试验件,零件成本降低 $30\%\sim60\%$。此外,针对海军无人战斗机计划,美国 CTC 公司领导的研究小组制订了"无人战机金属制造技术提升计划",将电子束熔丝沉积技术作为未来实现大型结构低成本、高效制造的技术,目标是将无人机钛合金结构的重量和成本降低 35%。2010 年以来,挪威 Norsk Titanium 公司开发了电弧熔丝沉积设备并制备了钛合金零件,其长度达到 1m。该公司的钛合金电弧增材制造(WAAM)技术于 2016 年获得了美国联邦航空管理局的技术成熟度 8 级认证。此外,克兰菲尔德大学开发了基于等离子弧的钛合金 WAAM 技术,其沉积效率更高,控制也更容易。这 3 种直接能量沉积技术在航空钛合金结构的研制与验证阶段可大幅降低成本,缩短迭代周期。

在航空领域,目前激光选区熔化技术与电子束选区熔化技术是应用前景最被看好的技术,美国通用电气(GE)公司于 2017 年斥资收购德国 Concept Laser 公司与瑞典 Arcam 公司便是有力的证明。只有选区熔化技术具备成形复杂精密结构的能力,而这种能力与航空零件结构优化的需求高度吻合。第一个进入批产的激光选区熔化零件是 GE 公司的 LEAP 发动机中的高温合金燃油喷嘴,原有的 20 个组件现在变为 1 个,实现了 25%的减重,并且寿命是原有零件的 5 倍。已有超过 10 万个采用激光选区熔化技术生产的燃油喷嘴装载在 LEAP 发动机里,为 B737 MAX 飞机和 A320 neo 飞机提供动力。此外,GE 公司首次将电子束加工技术应用到 TiAl 低压涡轮叶片的制造上,以代替原有的铸造成形技术,目前已经进入生产阶段。

然而,逐层堆积的工艺使增材制造钛合金形成了随机的缺陷和特殊的组织,零件不同部位的性能尚有差异,批量性能分散性较大。因此,目前增材制造钛合金零件基本都用于功能结构或次承力结构上。如何检测微小缺陷以及建立基于缺陷尺寸、数量、分布对动态力学性能影响的设计准则是扩大增材制造钛合金在航空结构中应用范围的关键。

1.4.3 粉末冶金

粉末冶金是以粉末为原材料,经过压制与烧结过程实现零件近净成形的技术。通过控制钛合金粉末的质量和成形工艺参数,可以获得组织均匀、力学性能优异的零件,大幅提升材料利用率,显著降低后续的机械加工量。因此,粉末冶金在制备形状较为复杂的零件时,相比于传统的锻造工艺具有成本优势。

热等静压是高质量零件制备必不可少的手段。将铸件或填装金属粉末的包套放入热等静压炉内,采用惰性气体作为压力传递介质,包套和铸件在高温环境(通常为金属粉末熔点的 0.6 ~ 0.7)中承受来自全方向的均匀压力(100 ~ 2000MPa)。包套内的金属粉末在高温高压作用下发生软化与变形,粉末间的孔隙逐渐闭合最终形成致密化的零件。钛合金粉末冶金主要有两种典型工艺路线:第一种是先热等静压致密,然后通过等温锻造或超塑性锻造成形的方式实现构件制备;第二种是粉末直接热等静压成形。

早在 1956 年,GE 公司就采用热压海绵钛的方法,生产出 GET73 涡轮喷气发动机轴承座毛坯。由于其成形精度高,切削加工量少,相比于锻造的成本降低 25%以上。美国格鲁曼宇航公司用陶瓷膜生产了 F-14 战斗机的钛合金内支撑杆、机身支柱,材料利用率由锻造的 20%左右提高到 50%以上。此外,F-15 战斗机的机头龙骨到 F-18 战斗机的引擎固定支架,都使用了钛合金粉末热等静压的工艺。美国 Bodycote、Crucible、ADMA、普惠等公司已生产出各类钛合金零件,如F-14A 驾驶舱框架、Sidewind 导弹粉末钛合金头罩、F107 巡航导弹发动机粉末钛合金叶轮等。

随着各类软件的日益完善,通过有限元建模方式对热等静压过程进行模拟成为近年来的研究热点。通过把 CATIA 等三维设计软件和 ABAQUS 等有限元仿真软件功能相结合,研究关键尺寸收缩规律,对包套的关键尺寸进行辅助设计和预测,将包套设计、钛合金热等静压中的致密化过程以及粉末冶金产品的模拟仿真相结合,缩短了周期并降低了成本,为热等静压制备各类钛合金零件提供了有力支持。如何将相关软件与实际生产相结合,进一步降低钛合金粉末冶金零件的成本还值得深入研究。

◣ 1.4.4　塑性成形

塑性成形是一种利用材料的塑性,在外力作用下制造零件的技术。通过塑性成形不仅可以将合金加工成所需形状,而且还能改善组织,提高性能。钛合金室温塑性低,变形抗力大,对于大多数钛合金来说,采用传统的冷加工塑性成形工艺往往无法达到好的成形效果。而钛合金在加热状态下,特别是当温度高于500℃时,其塑性明显提高,变形抗力显著下降,开裂倾向减小,同时由于高温下的热作用,可消除材料变形时产生的内应力,减小回弹量,提高零件的成形精度。因而,对于钛合金来说,获得广泛应用的塑性成形工艺主要包括锻造工艺和以热成形为代表的钣金成形工艺等。

锻造是制造钛合金零件的重要塑性成形工艺之一,通过锻造不仅可以获得合格的锻件形状,更重要的是可以提高合金的力学性能,满足工程需求。钛合金固有的晶体结构和对工艺参数的敏感性,导致其较其他合金更难加工,属于难变形材料。对于钛合金锻造工艺来说,其工艺参数主要包括锻造温度、锻造变形量、变形速率和锻后冷却速度等,是控制和优化钛合金锻件组织和性能的关键因素。钛合金锻造方式很多,如自由锻、模锻、轧制、环轧和挤压等。以 β 相转变点为温度界限,钛合金锻造被分为两种:α+β 型锻造和 β 型锻造。随着近些年的工艺探索,许多新的锻造工艺产生,比如近 β 型锻造、准 β 型锻造、热模锻造、等温锻造和超塑性锻造等,在生产中获得了应用。

钛合金锻件在航空工业领域应用广泛,主要用于制造飞机、发动机中承受交变载荷和集中载荷的关键零件和重要零件等,如飞机机体中的框、梁、起落架、接头,发动机中的盘、轴、叶片、环等。比如,美国 F-22 战斗机四个承力隔框采用了 Ti-6Al-4V ELI 合金大型整体隔框模锻件制造,锻件投影面积为 $4.06 \sim 5.67 m^2$;B747 飞机的主起落架传动横梁为 Ti-6Al-4V 钛合金锻件,长 6.20m,宽 0.95m,投影面积 $4.06 m^2$,质量达 1545kg;B777 飞机的主起落架载重梁使用了 Ti-10V-2Fe-3Al 钛合金锻件,质量为 3175kg,投影面积 $1.23 m^2$,是迄今为止最大的 β 型钛合金锻件之一。此外,贝尔直升机公司、Sikorsky 公司和 Westland 公司等还采用 Ti-10V-2Fe-3Al 钛合金制造了直升机转子系统的结构件,其表现出优异的高周疲劳性能。随着大吨位、高精度和高效率的大型锻造设备的研发和应用,钛合金大型整体结构锻造技术可将传统的多件组合构件改为整体结构件,可大大减轻飞行器的结构重量,提高其结构效益和零部件的安全可靠性。

热成形技术是航空钣金零件的重要制造技术之一,利用金属材料加热软化的性质提升材料的可变形程度并减少回弹,实现航空钣金零件的精确成形。热成形的主要影响因素是温度、压力和时间。随着温度的升高,钛合金的强度降低,塑性提高。常用的 Ti-6Al-4V 合金的热成形温度范围是 $680 \sim 750^{\circ}C$,较高的压力对消除已出现的褶皱有明显好处,但对抑制卸载后的回弹作用不大。在低温成形时,加载速度对变形抗力和塑性影响不大,而在中温和高温时影响越来越明显。然而,较长的热成形时间会增加钛合金表面氧化层的厚度,因此,采用较高的热成形温度时应相应减少成形时间,对于 Ti-6Al-4V 合金来说,通常不超过 1h。

从 20 世纪 50 年代开始,随着钛合金在航空航天领域的需求越来越多,热成形技术迅速进入工程化阶段,广泛应用于飞机的蒙皮、隔热框、发动机冷端部件、导弹壳体、弹翼等结构的制造。美、俄、日、英、法、意等国都已建立热成形技术生产和研究基地。从 SR71 高速预警飞机开始,利用热成形技术制造的零件在几乎所有的飞机和导弹上都获得了应用。航空钣金零件的制造精度和质量会直接影响飞机外形、结构寿命、装配质量和飞机性能。从总体发展趋势看,钣金件在先进飞机制造中占有较大的比例,即使新型战斗机和宽体客机中采用了较多的复合材料,但钣金零件仍然具有不可替代的作用。如 F-22 飞机上的钣金零件约占其零件总数的 45%,钣金零件生产所需劳动量约占全机生产总劳动量的 15%,钣金零件需要的工装约占全机工装的 70%。对于大型运输机来说,钣金件的重要性也很突出,如伊尔-86,共有钣金零件约 7 万件,以数量计算,板材零件约占 18%,型材零件约占 78%,管材零件约占 4%。航空钣金结构件对于飞机和发动机性能提升起到了非常重要的作用。然而,飞机机身与发动机对轻量化与整体化的需求越来越迫切,常规的热成形技术已难以完全满足此类结构的制造需求。

参考文献

[1] LÜTJERING G,WILLIAMS J C. Titanium[M]. 2nd ed. Berlin:Springer Berlin Heidelberg,2007.

[2] LEYENS C,PETERS M. 钛与钛合金[M]. 陈振华,译. 北京:化学工业出版社,2005.

[3] 王向明,刘文珽. 飞机钛合金结构设计与应用[M]. 北京:国防工业出版社,2010.

[4] 赵永庆,陈永楠,张学敏,等. 钛合金相变及热处理[M]. 长沙:中南大学出版社,2012.

[5] 朱知寿. 新型航空高性能钛合金材料技术研究与发展[M]. 北京:航空工业出版社,2013.

[6] BOYER R R. An overview on the use of titanium in the aerospace industry[J]. Materials Science & Engineer-

ing A,1996,213(1-2):103-114.

[7] 雷霆. 钛及钛合金[M]. 北京:冶金工业出版社,2018.

[8] 黄旭,朱知寿,王红红. 先进航空钛合金材料与应用[M]. 北京:国防工业出版社,2012.

[9] 黄旭. 航空用钛合金发展概述[J]. 军民两用技术与产品,2012,7:12-14.

[10] 郭灵. 先进航空材料及构件锻压成形技术[M]. 北京:国防工业出版社,2011.

[11] 杨保祥,胡鸿飞,何金勇,等. 钛基材料制造[M]. 北京:冶金工业出版社,2015.

[12] 张翥,谢水生,赵云豪. 钛材塑性加工技术[M]. 北京:冶金工业出版社,2010.

[13] 北京航空制造工程研究所. 航空制造技术[M]. 北京:航空工业出版社,2013.

[14] BOYER R R,BRIGGS R D. The Use of β Titanium Alloys in the Aerospace Industry[J]. Journal of Materials Engineering and Performance,2005,14(6):41-43.

[15] 李志强,郭和平. 超塑成形/扩散连接技术的应用进展和发展趋势[J]. 航空制造技术,2010(8):32-35.

[16] 韩秀全. 钛合金成形技术:挑战与机遇并存[J]. 航空制造技术,2013,438(18):68-69.

[17] 朱知寿. 我国航空用钛合金技术研究现状及发展[J]. 航空材料学报,2014,34(4):44-50.

[18] 黄张洪,曲恒磊,邓超,等. 航空用钛及钛合金的发展及应用[J]. 材料导报,2011,25(1A):102-107.

[19] 赵永庆. 国内外钛合金研究的发展现状及趋势[J]. 中国材料进展,2010(10):1-8.

[20] 杨健. 钛合金在飞机上的应用[J]. 航空制造技术,2006(11):41-43.

[21] 北京航空材料研究院. 航空材料技术[M]. 北京:航空工业出版社,2013.

[22] 张喜燕,赵永庆,白晨光. 钛合金及应用[M]. 北京:化学工业出版社,2005.

[23] COTTON J D,BRIGGS R D,BOYER R R,et al. State of the Art in Beta Titanium Alloys for Airframe Applications[J]. JOM,2015,67(6):1281-1303.

[24] BANERJEE,D,WILLIAMS J C. Perspectives on Titanium Science and Technology[J]. Acta Materialia,2013,61(3):844-879.

第2章
超塑成形/扩散连接技术原理

超塑成形(superplastic forming,SPF)是热成形技术的一个分支,从材料学的角度看它属于特定条件下的蠕变变形过程。扩散连接(diffusion bonding,DB)则是材料在一定温度和压力下通过界面处的原子扩散而实现连接的过程。钛合金具有良好的超塑性和扩散连接性能,利用超塑成形/扩散连接(superplastic forming/diffusion bonding,SPF/DB)技术可制造出多层空心薄壁结构,实现轻量化,缩短生产周期并降低制造成本。钛合金超塑成形/扩散连接技术已广泛应用于航空、航天等领域,产生了巨大的经济价值与社会效益。

2.1 超塑性原理

塑性是指材料在外力作用下发生永久变形而不破坏的能力,伸长率是用来衡量塑性优劣的主要指标。室温下金属材料的伸长率通常不超过80%,即使在高温下也难达到100%。1934年,英国学者C. E. Pearson在对Sn-37%Pb和Bi-44%Sn共晶合金进行缓慢拉伸时,伸长率达到了1950%。1945年,苏联学者A. A. Sogeap等在Zn-Al合金中也获得了异常高的伸长率,并提出"超塑性(superplasticity)"一词。1964年,美国的Backofen提出了具有重要意义的应变速率敏感指数(m值)及其测量方法,开启了超塑性理论研究的新篇章。各国研究学者相继针对超塑性机理、力学特性和应用技术等方面展开了大量的研究工作。

2.1.1 超塑性内涵

金属在一定的显微组织、变形温度和应变速率等条件下拉伸时,表现出异常高的伸长率(超过100%)而不发生缩颈与断裂的现象,称为超塑性。材料超塑性变形具有对应变速率敏感的特征,高的应变速率敏感性能够使材料变形过程中的缩颈得以扩散和转移。处于超塑性状态的材料具有变形能力强、流动性好、变形抗力及回弹小等特征,因此特别适合于在常规状态下低塑性材料的成形。

目前超塑性主要分为组织超塑性、相变超塑性和其他超塑性三大类,其中组织超塑性一般也称为静态超塑性、细晶超塑性或恒温超塑性,通常提到的超塑性都是指组织超塑性。实现组织超塑性必须具备三个条件:①均匀细小的等轴晶粒,晶粒尺寸通常小于 $10\mu m$,且在高温下要保持稳定;②变形温度 $T>0.5T_m$(T_m 为材料熔点温度,以热力学温度表示),且在变形时保持恒定;③应变速率小,最佳应变速率范围为 $10^{-4} \sim 10^{-2}s^{-1}$。

材料的超塑性能指标评定方法一般采用标准尺寸的试件经受轴向拉力的拉伸试验方法。图 2-1 所示是 TC4 钛合金在拉伸夹头速度恒定下拉伸力 F 与夹头位移 ΔL 的关系曲线,图 2-2 所示为 TC4 钛合金超塑性拉伸试件形貌,拉伸初始时刻拉伸力迅速上升到最高点,然后出现缩颈失稳,曲线开始下降,由 Backofen 超塑性流动应力与应变速率关系式(本构方程)$\sigma = K\dot{\varepsilon}^m$(式中,$\sigma$ 为流动应力;$\dot{\varepsilon}$ 为应变速率;m 为应变速率敏感性指数;K 为取决于材料和变形条件的一个常数)可知,拉伸试件局部出现缩颈时,细颈部位的应变速率增加,流动应力增大,阻止细颈部位的变形继续发展,从而使得缩颈出现在流动应力小的截面上,缩颈得以扩散和转移。因此可以说超塑性过程并不是没有缩颈,而是细颈在不断扩散和转移的过程,整个试样的变形梯度缓慢而均匀,从断后试件可明显看出,无明显缩颈。当材料的 m 值越大,流动应力随应变速率的变化越剧烈,缩颈的扩散和转移能力越强,材料的伸长率越大,一般超塑性材料的 m 值介于 $0.3 \sim 0.9$,多数在 $0.4 \sim 0.8$ 之间,因此,也有人用应变速率敏感性指数 m 值(或抗缩颈的能力)的大小(大于 0.3)来定义超塑性。

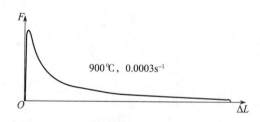

图 2-1　TC4 钛合金超塑性拉伸曲线

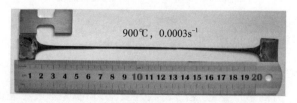

图 2-2　TC4 钛合金超塑性拉伸试件形貌

通过拉伸试验还可以求得材料的流动应力曲线,如图2-3所示,该曲线用双对数坐标表示,曲线的斜率即为应变速率敏感性指数 m:

$$m = \frac{\mathrm{d}[\ln(\sigma)]}{\mathrm{d}[\ln(\dot{\varepsilon})]} \qquad (2-1)$$

曲线根据应变速率分为三个区域:区域1为低应变速率区;区域2为中等应变速率区;区域3为高应变速率区。$\dot{\varepsilon}$ 为 $10^{-1} \sim 10^{-2}\,\mathrm{s}^{-1}$,区域2对应于超塑性变形区。图2-3中流动应力曲线的形状与英文字母S相似,故该曲线又称为S曲线。在该曲线的拐点处 m 值最大,如图2-4所示,此处即为超塑性变形的最佳应变速率。当材料以该最佳应变速率进行超塑性变形时,将有可能得到最大的伸长率。

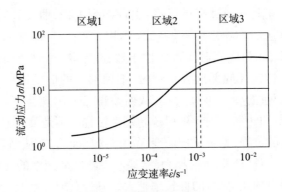

图2-3　流动应力曲线

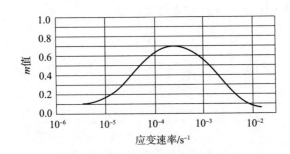

图2-4　m 值与应变速率的关系曲线

■2.1.2　超塑性变形机制

材料的超塑性变形过程受应力、变形温度、应变速率、应变、微观组织、时间等因素的影响。目前被广泛接受的超塑性变形理论模型主要包括两种:扩散蠕变模型、扩散蠕变与晶界滑移协调变形模型。扩散蠕变理论认为,应力场作用引起空穴的定向迁移,同时导致晶粒的变形。按照扩散的途径不同,扩散蠕变机制有 Nabarro 与 Herring 提出的体积扩散机制和 Coble 提出的晶界扩散机制;扩散蠕变与晶界滑移协调变形理论认为,超塑性变形主要方式是晶界滑移,而扩散蠕变对晶界滑移起到调节作用,最著名的是由 Ashby 和 Verrall 提出的模型(简称 A-V 模型)。A-V 模型在学术界的接受程度更高。

图 2-5 是一组二维的六边形晶粒在垂直方向拉应力作用下由初始状态 a($\varepsilon=0$)过渡到中间状态 b($\varepsilon=0.275$),最后到达最终状态 c($\varepsilon=0.55$)的变形过程,整个变形过程晶粒相对位置发生了变化,但晶粒形状不变,外力对此晶粒组所做的功消耗在以下四个不可逆的过程:

(1)扩散过程:由晶界或体积扩散造成晶粒形状的临时变化以达到相适应的目的;

(2)界面反应:空穴扩散进出晶界要消耗能量以克服界面势垒;

(3)晶界滑移:在滑移前需消耗能量克服晶界黏滞性;

(4)界面区的增减:晶粒组的面积增加(a→b)和减少(b→c)也要消耗能量。

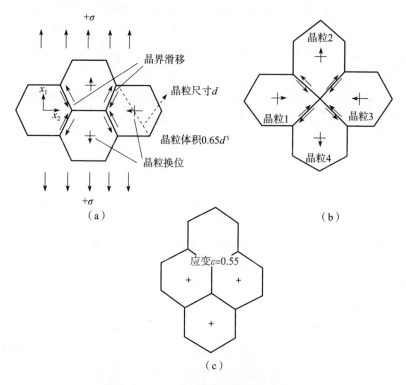

图 2-5　A-V 理论晶粒重排过程示意图

(a)初始状态;(b)中间状态;(c)最终状态。

忽略界面反应和晶界滑移所做功,A-V理论认为晶粒变化主要由晶界扩散来完成,同时伴随着少量的体积扩散。超塑性变形的主要机制是晶界滑移变形,在晶界滑移的同时伴随晶粒的转动和晶界迁移。晶界的滑移在三叉晶界处形成空穴,这些空穴主要依赖强烈的扩散蠕变才能消除,扩散蠕变与晶界滑移的协调适应使得晶粒位置结构发生变化,最终达到晶粒的换位。许多实验观测基本证实了A-V理论的主要内容,如观测到晶界滑移、晶粒转动、晶粒换位、晶界孔洞以及晶粒保持等轴性等。A-V模型也存在一些不合理的地方。用A-V模型计算结果只与S曲线的低应变速率部分比较符合,A-V模型预测的m值等于1,而实际值在0.4~1之间,A-V模型只是一个考虑晶粒位置变化的二维模型,没有考虑晶粒的三维运动过程,如表面下的晶粒向表面显露以及表面积增长的过程。

由于超塑性变形的复杂性,往往一种机制只能解释一种或几种合金的变形,或者只能解释超塑性变形中的一部分现象。然而,自然界各种过程演变的本质均是能量耗散,材料中各种结构的形成以及各种转换过程均与能量直接相关,能量对结构与过程起着控制作用。超塑性变形过程的诸多物理过程如晶界滑移、位错协调、扩散控制、晶粒稳定性、孔洞形核与长大、变形失稳等微观现象的科学本质都是由体系内部能量转化而引起,是在遵循自然界阻力最小定律的前提下,能量沿最小阻力途径松弛,从而导致能量耗散与再分配。因此,从能量的角度全面解析超塑性变形过程更为合理、更为科学、更为准确。

通过晶体塑性理论对超塑性变形过程进行数值模拟,能够从能量的角度解析超塑性变形机制。钛合金超塑性变形涉及:晶界滑移与扩散、相界(α相和β相边界)滑动、晶粒转动、晶内位错滑移与扩散等变形机制,在变形过程中,还受晶粒取向、晶粒尺寸、温度和应变速率等因素的影响,因此钛合金超塑性变形机制的研究是一个多尺度问题。

采用晶体塑性理论分别建立了TC4钛合金超塑性变形过程中晶界滑移、晶内滑移和晶粒转动的数学模型,同时根据钛合金超塑性拉伸变形的应力-应变数据以及原始组织的电子背散射衍射(EBSD)数据,通过遗传算法,拟合钛合金本构模型参数(如晶界扩散能、晶界滑移速率、位错滑移激活能、晶内位错滑移的临界分切应力等),最后将这些模型嵌入到晶体塑性理论框架内,实现超塑性变形的晶体塑性有限元模拟。

图2-6所示是TC4钛合金超塑性变形过程的晶体塑性有限元模拟结果,在变形过程中晶界相单位体积塑性功略大于晶内相单位体积塑性功,晶界相应力小于晶内相应力,而晶界相应变大于晶内相应变。说明钛合金在超塑性变形过程中晶界相发生了明显的塑性变形,而晶内的塑性变形相对较小,超塑性变形以晶界的滑动和转动为主。从能量的角度更好地解释了钛合金的超塑性变形机制。

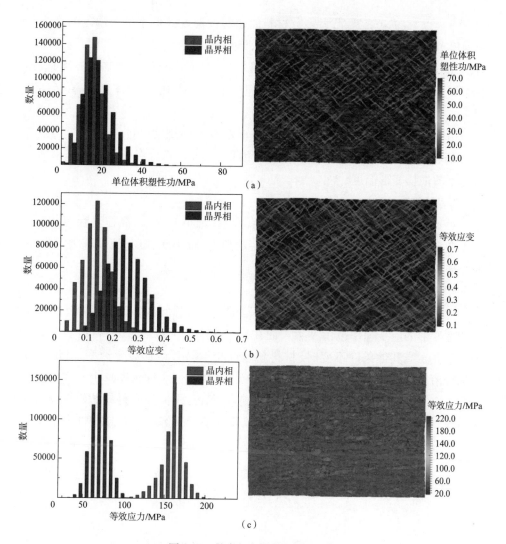

图 2-6 晶内相与晶界相分布图

(a) 单位体积塑性功分布图;(b) 等效应变分布图;(c) 等效应力分布图。

▲ 2.1.3 超塑性的影响因素

研究超塑性变形的影响因素能够寻求超塑性条件的最佳组合,从而充分发挥材料的超塑性能,而金属超塑性变形是一个复杂的物理化学过程,影响因素众多,影响方式复杂多样。本书主要介绍其中几个重要的影响因素:

1. 变形温度

超塑性变形是在一定温度区间所表现的变形行为,一般要求温度大于熔化温度一半以上($T>0.5T_\mathrm{m}$),大多数材料的超塑性温度是低于临界温度的某一特定温度范围。在其他条件一定的情况下,当变形温度低于临界温度时,随着温度升高,流动应力下降,伸长率和 m 值缓慢增加;当变形温度达到临界温度时,伸长率和 m 值增加到最大值;当变形温度超过临界温度时,伸长率和 m 值又逐渐减小。

超塑性变形的临界温度与应变速率、晶粒度、相的组织和分布情况等因素有关,并不是固定不变的,只有在其他影响因素一定时,临界温度才可看作是某一条件下的最佳变形温度。

2. 晶粒度

对于组织超塑性,一般要求材料具有等轴、细小的晶粒,晶粒直径 $\leqslant 10\mu\mathrm{m}$,且在变形过程中晶粒长大缓慢。在一定范围内,减小晶粒度,流动应力下降,m 值和伸长率增加。

3. 应变速率

材料超塑性变形存在一个应变速率范围,一般提高温度或减小晶粒度,会使超塑性变形的应变速率范围变大。而在这个应变速率范围之外,材料基本不呈现超塑性。当其他条件不变时,材料超塑性变形具有最佳应变速率,其值与 m 值的峰值对应,当应变速率小于或大于最佳值时,m 值和伸长率减小。

以上三种是超塑性变形的主要影响因素,除此之外,还有材料的相组成与分布情况、应力状态、变形程度、加载方式以及环境因素等都会对超塑性变形产生一定影响。

2.2　典型材料超塑性

实现超塑性变形要求细晶、较高的变形温度和较低的应变速率三个基本条件。根据典型材料的超塑性变形特征分析温度、应变速率对变形的影响规律,是实现工程化应用的基础。然而,超塑性变形苛刻的条件导致生产效率较低,因此,降低超塑性变形温度、提高超塑性变形速率成为近些年国内外学者探讨的重点方向。

2.2.1　常规超塑性

1. SP700 钛合金

SP700 钛合金是在 TC4 钛合金成分的基础上添加 β 稳定化元素 Mo 和 Fe,

使合金成为一个富含 β 相的 α+β 型钛合金。SP700 钛合金的成分是:4.5%Al、3%V、2%Mo 和 2%Fe(即 Ti-4.5Al-3V-2Mo-2Fe),它是第一个以 SP("超塑性"的英文缩写)为牌号的钛合金,在 700℃ 下具有优越的超塑性。和 TC4 合金相比,SP700 合金具有更好的冷、热加工成形性,更高的强度、塑性、断裂韧性和疲劳强度。

　　采用最大 m 值法和恒应变速率法分别对 SP700 钛合金开展超塑性拉伸试验,变形温度范围为 755~785℃,试样拉伸轴方向分别与板材轧制方向呈 0°、45° 和 90°,应变速率为 0.005~0.1s^{-1}。最大 m 值法试验的断后伸长率结果如图 2-7 和图 2-8 所示,在 775℃、45° 方向试样的伸长率最高,为 3110%,在 785℃、90° 方向试样的伸长率最低,为 1127%。

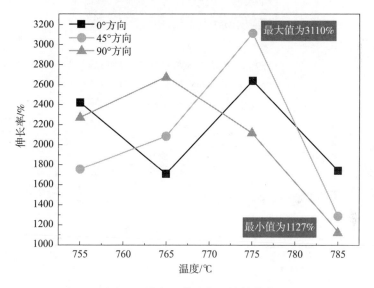

图 2-7　最大 m 值法超塑性伸长率

　　图 2-9 为在不同条件下采用恒应变速率法超塑性拉伸获得的伸长率。在同一拉伸方向、不同应变速率条件下,伸长率均随应变速率的降低而增加,并且均在 775℃、0.005s^{-1} 条件下获得最高伸长率,0°、45° 和 90° 方向的最高伸长率分别为 960%、750% 和 1121%。对比相同变形温度和应变速率,不同拉伸试样方向的伸长率,可以看出,在应变速率为 0.1s^{-1} 和 0.01s^{-1} 条件下,3 个方向的伸长率基本相同,而当应变速率降低至 0.005s^{-1} 时,45° 方向的伸长率明显低于其他两个方向,且 90° 方向的伸长率高于 0° 方向,说明应变速率较低时,材料才会表现出各向异性。

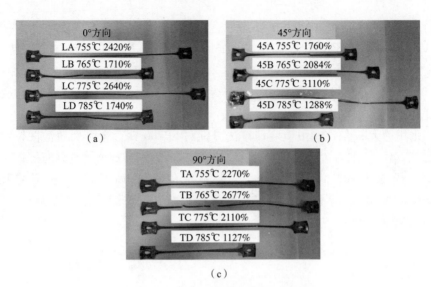

图 2-8　三个方向试样拉伸断后形貌图

（a）0°方向；（b）45°方向；（c）90°方向。

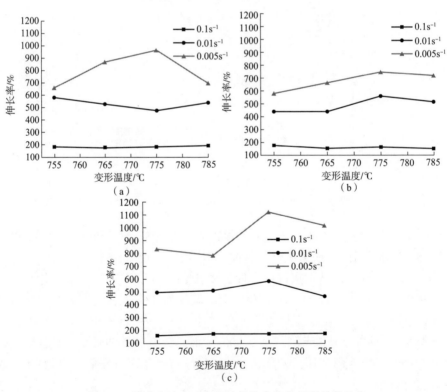

图 2-9　恒应变速率法超塑性拉伸在各条件下的伸长率

（a）0°方向；（b）45°方向；（c）90°方向。

2. TA32 钛合金

TA32(TA12A)合金是在 TA12(Ti55)合金基础上进行成分改进而得到的一种新型近 α 型钛合金。TA12 合金是具有代表性的 550℃ 高温钛合金,该合金在 550℃ 具有良好的综合性能,可在低于 550℃ 的温度长时间使用,短时使用温度可达 600℃。

TA32 合金在变形温度为 880~940℃、应变速率为 0.0005~0.01s⁻¹ 的条件下超塑性拉伸后的应力-应变曲线如图 2-10 所示,拉伸初期流动应力随应变增大而迅速升高,在应变约等于 0.1 时,流动应力曲线开始趋于水平,而后随着应变的增大,流动应力曲线变化不同。在温度为 880~920℃、初始应变速率为 0.005~0.01s⁻¹ 条件下,材料在动态回复、动态再结晶的作用下不断软化,流动应力下降;在温度为 880~900℃、初始应变速率为 0.001s⁻¹ 和温度为 940℃、初始应变速率为 0.005~0.01s⁻¹ 条件下,材料中位错塞积、晶粒长大诱发的应变硬化和位错湮灭、动态回复导致的应变软化达到了动态平衡,流动应力曲线趋于水平;在温度为 880~940℃、初始应变速率为 0.0005s⁻¹ 和温度为 920~940℃、初始应变速率为 0.001s⁻¹ 条件下,初始应变速率较低,材料处于高温环境的时间过长,会使晶粒的长大速率高于动态再结晶使得晶粒细化的速率,两相晶粒充分粗

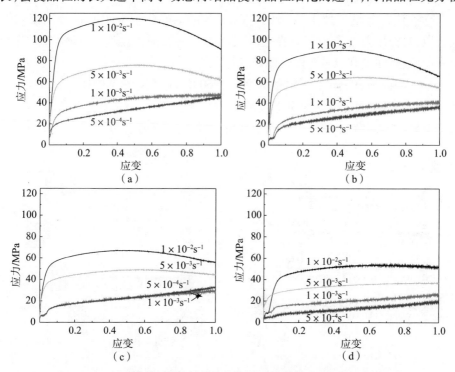

图 2-10　TA32 钛合金在不同温度和初始应变速率下的应力-应变曲线

(a)880℃;(b)900℃;(c)920℃;(d)940℃。

化,晶界滑移和晶粒转动减少,以致合金的持续硬化,流动应力随应变增大而不断增大,直至试样断裂前夕达到应力峰值。

TA32 钛合金在不同变形条件下的断后伸长率如表 2-1 所示,断后伸长率随温度升高而增大,这是因为更高的温度下原子动能增大,空位扩散与原子扩散效应增强,晶界滑移增多,断后伸长率得以提高;断后伸长率随应变速率改变而呈现出复杂的变化趋势;在变形温度为 940℃、初始应变速率为 $5×10^{-3}s^{-1}$ 条件下,材料获得最大断后伸长率为 949%。

表 2-1　TA32 钛合金不同变形条件下的断后伸长率

应变速率 $\dot{\varepsilon}$	断后伸长率			
	880℃	900℃	920℃	940℃
$5×10^{-4}s^{-1}$	610%	654%	882%	894%
$1×10^{-3}s^{-1}$	585%	676%	774%	769%
$5×10^{-3}s^{-1}$	322%	331%	331%	949%
$1×10^{-2}s^{-1}$	328%	309%	352%	662%

3. Ti65 钛合金

Ti65 钛合金是一种 Ti-Al-Sn-Zr-Mo-Si-Nb-Ta-W-C 系十元近 α 型高温钛合金,其长时使用温度为 650℃,在短时大应力条件下使用温度为 650~750℃,具有密度低、比强度高以及高温性能好等特点。

Ti65 高温钛合金在变形温度为 900~960℃、应变速率为 0.001~0.03s^{-1} 的条件下超塑性拉伸后的宏观形貌如图 2-11 所示,Ti65 合金在超塑性变形过程中变形较均匀,没有发生明显的缩颈现象,材料的超塑性较好。

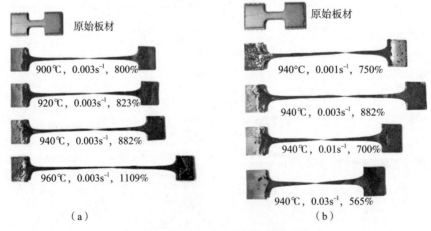

图 2-11　超塑性拉伸宏观形貌

(a)不同变形温度;(b)不同应变速率。

Ti65 钛合金超塑性拉伸真应力-真应变曲线如图 2-12 所示。从图中可以看出,在不同变形条件下,真应力-真应变曲线的形状基本相同,都表现出明显的超塑性变形特征:变形初期,应力随应变的增加而迅速升高,表现出明显的硬化效应;随着变形的进行,由于产生了应变软化,应力缓慢增加,进入稳态流变阶段;最后当颈缩或断裂发生时应力急剧下降。

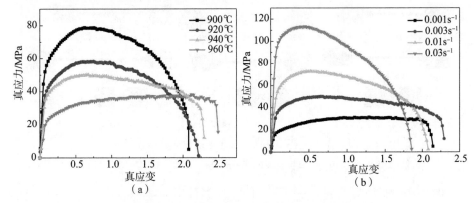

图 2-12　Ti65 钛合金超塑性拉伸应力-应变曲线
(a)不同变形温度;(b)不同应变速率。

在应变速率为 0.003s^{-1} 的条件下,随着变形温度的升高,伸长率逐渐增加,峰值应力减小;在变形温度为 940℃ 的条件下,随着应变速率的增加,伸长率先增加后减小,峰值应力增加;在 960℃、0.003s^{-1} 的条件下,Ti65 合金获得最大伸长率为 1109%。

4. TNW700 钛合金

TNW700 钛合金是近 α 型多元强化型高温钛合金,其名义化学成分为 Ti-5.86Al-3.4Sn-5.56Zr-1.15Nb-1.6W-0.19Si,该合金是在 Ti-Al-Sn-Zr-Mo-Si 系合金基础上,采用 Nb 元素替换 Mo 元素,并加入 W、C 等元素,通过 Nb、W 这两种可形成高温稳定相的元素来提高合金的热稳定性和热强性。TNW700 钛合金可作为承力材料短时用于 600~750℃ 环境,抗氧化能力强于传统材料 TC4 合金。

TNW700 钛合金在变形温度为 890~950℃、应变速率为 5×10^{-4}~1×10^{-2}s^{-1} 条件下超塑性拉伸后试样外观如图 2-13 所示。TNW700 钛合金在高应变速率为 1×10^{-2}s^{-1} 条件下,拉伸段的宽度均呈线性变化,断口较尖;而在低应变速率 (5×10^{-3}s^{-1} 和 5×10^{-4}s^{-1}) 条件下,部分试样沿长度方向宽度呈"波浪形"变化,其断口成平直或 45°倾斜状;而在更高温度和更低应变速率条件下,试样的宽度均匀性有所提高,这可能是由于温度高、应变速率低,微观组织有足够的时间和能量协调变形,从而获得均匀的宽度。

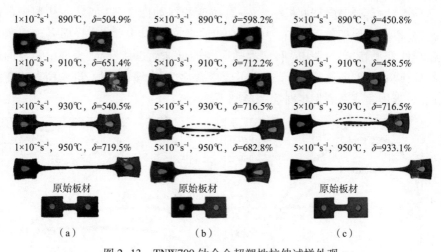

$1\times10^{-2}s^{-1}$，890℃，$\delta=504.9\%$　$5\times10^{-3}s^{-1}$，890℃，$\delta=598.2\%$　$5\times10^{-4}s^{-1}$，890℃，$\delta=450.8\%$

$1\times10^{-2}s^{-1}$，910℃，$\delta=651.4\%$　$5\times10^{-3}s^{-1}$，910℃，$\delta=712.2\%$　$5\times10^{-4}s^{-1}$，910℃，$\delta=458.5\%$

$1\times10^{-2}s^{-1}$，930℃，$\delta=540.5\%$　$5\times10^{-3}s^{-1}$，930℃，$\delta=716.5\%$　$5\times10^{-4}s^{-1}$，930℃，$\delta=716.5\%$

$1\times10^{-2}s^{-1}$，950℃，$\delta=719.5\%$　$5\times10^{-3}s^{-1}$，950℃，$\delta=682.8\%$　$5\times10^{-4}s^{-1}$，950℃，$\delta=933.1\%$

原始板材　　　　　　　原始板材　　　　　　　原始板材

（a）　　　　　　　　（b）　　　　　　　　（c）

图 2-13　TNW700 钛合金超塑性拉伸试样外观

（a）应变速率为 $1\times10^{-2}s^{-1}$；（b）应变速率为 $5\times10^{-3}s^{-1}$；（c）应变速率为 $5\times10^{-4}s^{-1}$。

图 2-14 为 TNW700 钛合金在不同变形条件下的超塑性拉伸应力-应变曲

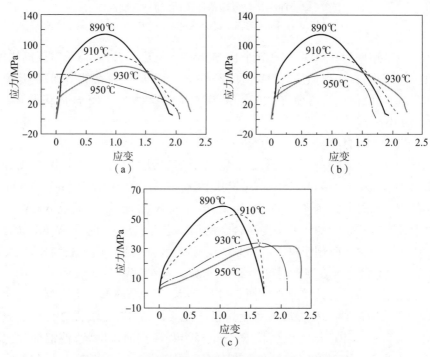

图 2-14　TNW700 钛合金超塑性拉伸应力-应变曲线

（a）应变速率为 $1\times10^{-2}s^{-1}$；（b）应变速率为 $5\times10^{-3}s^{-1}$；（c）应变速率为 $5\times10^{-4}s^{-1}$。

线,其共同特征为峰值应力均随着温度的升高而减小;但峰值应变却随着变形温度的升高而逐渐增加,加工硬化阶段随着应变速率的降低逐渐增加,尤其是在应变速率为 $5 \times 10^{-4} \, \mathrm{s}^{-1}$ 条件时,变形一旦超过峰值应变,应力迅速下降,直至试样发生断裂。这种"加工硬化型"变形行为与普通钛合金不同,这可能是由于超塑性变形过程中微观组织的变化引起的。

5. Ti2AlNb 合金

钛铝金属间化合物的突出优势在于具有密度小、优异的高温比强度和比弹性模量,钛铝金属间化合物主要有 3 类: $\alpha_2 - Ti_3Al$ 合金、$\gamma - TiAl$ 合金和 $\delta - TiAl_3$ 基合金。其中 Ti2AlNb 合金比 Ti3Al 合金具有更高的使用温度和更好的高温性能,长时工作温度为 700~800℃,短时使用温度可高于 1100℃。

本书通过 3 种超塑性拉伸试验方法研究了 Ti2AlNb 合金的超塑性能,超塑性拉伸温度范围为 940~980℃,应变速率为 10^{-5}~$10^{-3} \, \mathrm{s}^{-1}$。如图 2-15 所示为采

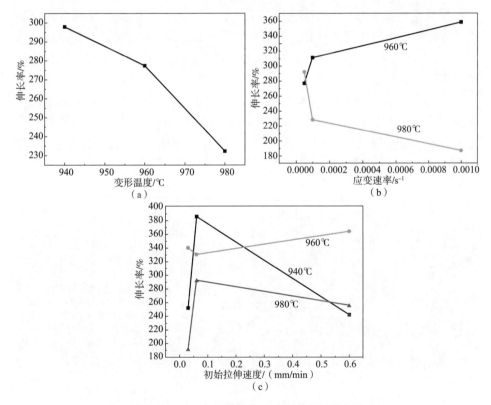

图 2-15 3 种超塑性拉伸方法所获得的伸长率

(a)最大 *m* 值法拉伸结果;(b)恒应变速率法拉伸结果;(c)恒速度法拉伸结果。

用3种单向超塑性拉伸方法后获得的伸长率,拉伸轴方向平行于板材轧制方向。最大 m 值法、恒应变速率法和恒速度法的拉伸最大伸长率分别为298%(940℃)、358.9%(960℃、$5\times10^{-5}s^{-1}$)、385.8%(940℃、0.06mm/min)。可见,本试验所获得的伸长率均不高,这可能与所用的板材的强织构、微观组织为三相组织有关。

2.2.2 低温高速超塑性

细晶材料(晶粒尺寸小于 $10\mu m$)需要在较高的温度下才能实现超塑性,而且必须在较低应变速率条件下进行,但高温和长时间的超塑性变形不仅会导致材料组织粗大、性能降低,而且成形时间的增加导致零件的生产效率降低,因此,降低钛合金的变形温度、提高其应变速率是钛合金超塑性研究的一个重要方向。

1. 超细晶材料超塑性

根据超塑性晶粒尺寸与应变速率关系($\dot{\varepsilon}\propto1/d^{n}$)可知,细化晶粒可使超塑性变形时的应变速率提高,因此,超细晶是实现低温高速超塑性的必要条件。研究表明,当材料具有亚微米级或纳米级的晶粒组织时,可以比微米级合金在更低的温度下或更高的速率下获得超塑性。

将 TC4 钛合金经 1010℃ 保温 1h 水冷和 550℃ 保温 3h 空冷的热处理后,再在搅拌头旋转速度为 120r/min,搅拌头前进速度为 30mm/min 下进行搅拌摩擦加工,从而获得了超细晶组织。图 2-16 为搅拌摩擦加工后材料的微观组织形貌,TC4 钛合金经搅拌摩擦加工后生成了等轴状的 α 相和晶间 β 相,其晶粒尺寸为 $0.51\mu m$。

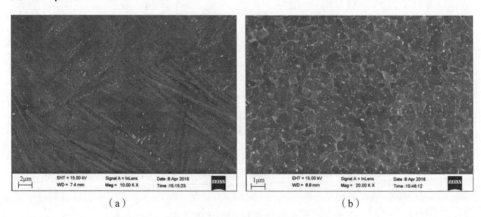

(a) (b)

图 2-16 钛合金的扫描图像

(a)淬火态;(b)淬火态经 FSP 加工。

对超细晶淬火态 TC4 钛合金开展变形温度为 550℃、600℃、650℃,应变速率为 $1×10^{-4}s^{-1}$、$3×10^{-4}s^{-1}$、$1×10^{-3}s^{-1}$、$3×10^{-3}s^{-1}$ 的超塑性拉伸变形,断裂后试样的宏观形貌如图 2-17 所示,材料在试验条件下表现出了均匀的超塑性流动特征,无明显颈缩的发生,伸长率均大于 400%;在 600℃、$3×10^{-4}s^{-1}$ 的条件下材料获得最大伸长率为 1130%。

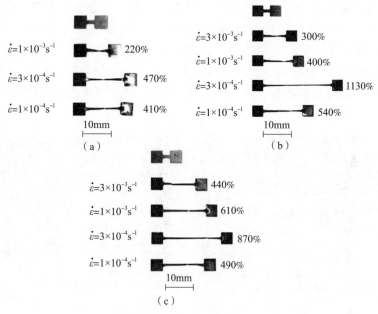

图 2-17　不同超塑性拉伸条件下试样断裂后的宏观形貌
(a)变形温度为 550℃;(b)变形温度为 600℃;(c)变形温度为 650℃。

表 2-2 为其他研究者以及本书对 TC4 钛合金进行剧烈塑性变形加工之后获得的 TC4 钛合金超塑性拉伸伸长率数值总结,相比于其他研究成果,本书制备的超细晶钛合金在较低变形温度(600℃)下获得了最高的伸长率 1130%。

表 2-2　细晶 TC4 钛合金超塑性拉伸的伸长率

加工方法	晶粒尺寸 $d/\mu m$	温度 $T/℃$	应变速率 $\dot{\varepsilon}/(10^{-4}s^{-1})$	伸长率 $\delta/\%$	参考文献
等通道转角挤压	0.3	600~700	1~5	296~700	[18-19]
高压扭转加工	0.075~0.3	600~650	5~10	575~780	[20-28]
多向锻造	0.135~0.4	550~700	5~7	640~910	[24-29]
热轧	0.1~0.3	650~700	1~100	220~516	[30-31]
搅拌摩擦加工	0.51	600	3	1130	[32]

2. 置氢材料超塑性

钛合金置氢处理技术是利用氢致塑性、氢致相变以及氢的可逆合金化作用重构微观组织以实现钛氢系统最佳组织结构，以达到改善加工性能的一种新方法。通过对钛合金进行置氢处理，能够从氢致超塑性、氢致细晶两个方面达到降低钛合金的变形温度、提高变形速率和生产效率的目的。

细晶 TC4 钛合金板材的原始组织和置氢 0.11% 的组织如图 2-18 所示，原始组织为未完全再结晶的 α 相和 β 相组成的两相等轴组织，其中 α 相晶界相连呈等轴或者条状，而 β 相则分布于 α 相晶界上，数量较少。材料在 750℃ 置氢 0.11% 后的显微组织中 α 相和 β 相并无明显长大，β 相颜色变浅与 α 相颜色趋近，不易腐蚀显现，但两相比例并没有显著变化，因此总体形貌与原始组织并无太大差别。

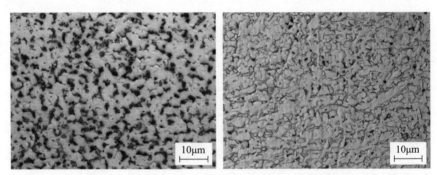

图 2-18　原始板材和置氢 0.11% 的光学显微组织

对置氢钛合金开展了变形温度为 800~900℃、应变速率为 $3 \times 10^{-4} \sim 1 \times 10^{-2} s^{-1}$ 的超塑性拉伸变形，断裂后试样的宏观形貌如图 2-19 所示，置氢与未置氢材料的变形均匀性基本一致，未置氢的钛合金在 900℃、$0.003s^{-1}$ 的条件下获

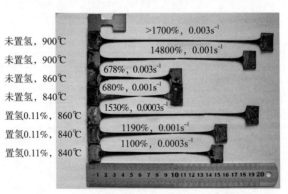

图 2-19　不同拉伸条件下变形后的宏观形貌

得了最大伸长率,达 1700% 以上,而置氢 0.11% 的钛合金在 860℃、0.000 3s⁻¹ 的条件下获得 1530% 的最大伸长率;置氢超塑性变形的最佳温度区间缩小,且向低温区方向移动,在 840℃ 时伸长率达到了 1190%,较相同温度、未置氢时 680% 的伸长率提高了 75%,而相比未置氢、900℃ 时才能获得的 1480% 最大伸长率,仅仅损失了 20%。

置氢后的超塑性变形最佳温度比未置氢降低了 40~60℃,最佳应变速率却向低应变速率区移动,这是由于 β 相稳定元素氢的加入,使 α 相和 β 相在较低的温度即可达到最佳比例;同时,少量的氢降低了位错密度,有利于晶界的滑动,提高了 α-α 晶界间 β 相的流动性,从而提高了超塑性变形过程中扩散协调变形能力,因此超塑性最佳温度降低。氢在高温时具有强扩散性,受拉应力时容易在应力集中处聚集,造成晶界等缺陷处氢的浓度过高,位错被钉扎,因此当高速率变形时,变形比较剧烈,应力集中强度较高造成了超塑性的降低,而低应变速率时应力集中的影响较弱,容易获得较高的延伸率。

图 2-20 为未置氢与置氢 0.11% 的 TC4 合金超塑性拉伸真应力-真应变曲线。相同变形条件下,置氢 0.11% 时的应力较未置氢时的应力有显著的降低。而与未置氢相比,随着应变量的增加,两者应力变化趋势相近,在较短的硬化达到峰值之后,呈现出持续的软化行为。置氢 0.11%、840℃ 和应变速率 0.001s⁻¹、0.0003s⁻¹ 变形时,真应力-真应变曲线的软化较为平缓,属于准稳态变形,稳态变形没有出现,因此能够获得较大的应变。氢的加入促进了动态再结晶和动态回复,一方面降低了材料的流动应力,另一方面是与材料的硬化速率相协调,促进了缩颈的扩散转移,有利于启动晶界滑移、晶粒转动、扩散蠕变等机制,实现均匀变形。

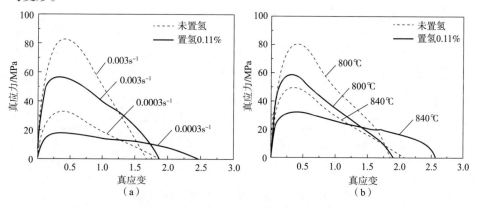

图 2-20　未置氢和置氢 0.11% 的 TC4 合金超塑性拉伸真应力-真应变曲线
(a)840℃;(b)0.001s⁻¹。

3. 脉冲电流辅助超塑性

在超塑性变形过程中通入脉冲电流(或附加电场),脉冲电流(或电场)可使材料的流动应力降低,应变硬化指数减小,应变速率敏感性指数 m 提高,从而使材料能够在更低温度、更高的应变速率条件下获得高的伸长率,降低难变形材料苛刻的变形条件。

1420 铝锂合金(Al-Mg-Li-Zr)中锂含量为 1.8%(质量分数),镁含量为 4.8%(质量分数),且添加了锆(Zr)合金元素,而又不含铜等重金属元素,其密度低、弹性模量高、可焊性好,因此,1420 铝锂合金的板、锻、型材在航天飞机、战斗机以及民用客机上具有广泛的应用前景。1420 铝锂合金不同变形条件下超塑性拉伸变形的真应力-真应变曲线如图 2-21(a)~(d)所示。材料的流动应力随应变速率的升高而升高,随变形温度的升高而降低。因此,它既属于应变速率敏感型材料,也属于温度敏感型材料。

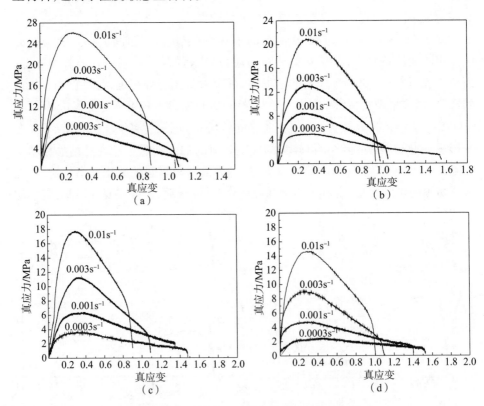

图 2-21　不同变形条件下真应力-真应变曲线
(a)$T=440℃$;(b)$T=460℃$;(c)$T=480℃$;(d)$T=500℃$。

图 2-22 为不同初始应变速率条件下伸长率随温度的变化曲线。随着温度的升高,伸长率先升高后降低,所有应变速率条件下,伸长率的最大值均出现在480℃;在相同温度条件下,随着初始应变速率的降低,伸长率增大;材料的最佳超塑性变形条件是 480℃、0.0003s⁻¹,在该条件下,伸长率达到 332%。

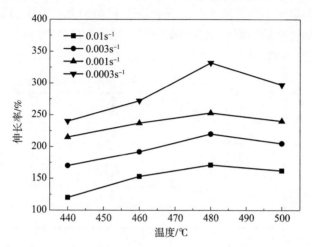

图 2-22　不同应变速率条件下伸长率与温度关系曲线

在脉冲电流参数:脉冲电流密度为 192A/mm²、脉冲电流频率为 150Hz、脉冲电流作用时间为 30s 下,选取超塑性拉伸温度为 480℃、应变速率为 $1×10^{-3}s^{-1}$,1420 铝锂合金加电与不加电条件下的超塑性拉伸试验结果如图 2-23 所示,脉冲电流的施加降低了材料的峰值应力(由 17.8MPa 降为 12MPa);提高了材料的伸长率(由 160% 增加到 270%)。

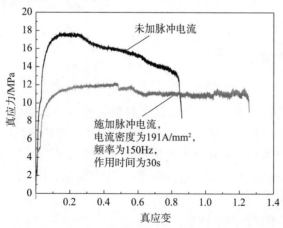

图 2-23　480℃、$1×10^{-3}s^{-1}$ 条件下加电与未加电超塑性拉伸真应力-真应变曲线

1420 铝锂合金在不同变形温度和应变速率条件下加电与不加电超塑性拉伸试验结果如表 2-3 所示。施加脉冲电流后材料在较低变形温度下的伸长率(200%)比不加电时较高变形温度下的伸长率(161%)还要高,且在较高应变速率下试样的伸长率(270%)比不加电时较低应变速率下的伸长率(207%)还要高。因此,脉冲电流不仅提高了相同变形条件下 1420 铝锂合金的超塑性变形能力,而且使超塑性变形温度和应变速率分别向低温和高速方向转移,可实现材料的低温高应变速率超塑性。

表 2-3   脉冲电流对超塑性变形参数的影响

变形温度/℃	电流密度/(A/mm²)	应变速率/s⁻¹	伸长率/%
440	0	1×10^{-3}	118
	192	1×10^{-3}	200
480	0	1×10^{-3}	161
	0	3×10^{-4}	207
	192	1×10^{-3}	270

2.3   扩散连接原理

扩散连接可以实现材料的可靠连接而不需要熔化材料,被广泛应用于同种或者异种材料的连接,在航空、航天、核工业和电子工业等对于连接质量要求较高的领域得到应用发展。扩散连接的质量直接决定结构的力学性能,国内外学者聚焦于探索温度、压力、时间等诸多因素的影响规律,为实现高质量的扩散连接提供理论依据。

2.3.1   扩散连接内涵

扩散连接作为固相焊接的一种,是在一定的温度范围($(0.5 \sim 0.75)T_m$,T_m 为母材熔点)和压力条件下,依靠高温下材料表面的局部塑性变形使接触面贴紧,通过原子间相互扩散获得整体接头的一种方法。与传统焊接方法不同,扩散连接不存在金属的熔化,而通过材料组织原子间的相互扩散达到连接的目的,其连接深度随着接触面原子的不断迁移扩散而逐渐增加,直至原有接触界面消失,形成一个新的整体。

扩散连接技术具有如下特点:

(1) 扩散连接接头质量好:扩散连接接头的显微组织和性能与母材接近或

相同,在连接界面处不存在各种熔化焊缺陷,也不存在具有过热组织的热影响区,接头质量好。

（2）扩散连接精度高:扩散连接时压力较低,工件为整体加热,随炉冷却,故扩散连接接头及零部件整体变形很小,且残余应力小,既能保证扩散连接的尺寸精度,又能实现机械加工后的精密装配连接。

（3）可连接大断面接头:由于连接压力较低,在大断面接头连接时所需设备的吨位不高,易于实现。采用气体压力加压扩散连接时,很容易对两板材实施叠合扩散连接。

（4）连接面广:由于连接温度低,热变形小,可连接结构复杂、厚薄相差较大、精度要求高的零件。

（5）可连接其他焊接方法难以焊接的材料:对于塑性差或熔点高的同种材料,或对于相互不溶解或在熔焊时产生脆性金属间化合物的异种材料,包括某些金属和陶瓷,扩散连接是唯一可靠的连接方式。

扩散连接的过程可以大致分为三个阶段,示意图如图 2-24 所示。

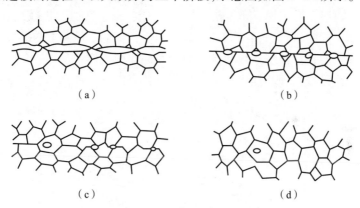

（a）　　　　　　　　　　　　　（b）

（c）　　　　　　　　　　　　　（d）

图 2-24　固态扩散连接过程示意图

(a)凹凸不平的初始接触;(b)第一阶段:变形和交界面;

(c)第二阶段:晶界迁移与微孔消除;(d)第三阶段:体积扩散微孔消除。

第一阶段:材料表面的物理接触阶段,高温下微观不平的表面在外加压力的作用下,通过屈服和蠕变机理使某些局部接触点首先达到塑性变形,在持续压力的作用下,接触面积逐渐增大,最终达到整个面的可靠接触。在这一阶段之末,界面之间还有间隙,但其接触部分则基本上已是晶粒间的连接。

第二阶段:接触面原子间的相互扩散,形成牢固的结合层。在温度及压力作用下,紧密接触的晶界处原子持续扩散而使许多空隙消失。同时,界面处的晶界迁移离开了接头的原始界面,达到了平衡状态,但仍有许多小空隙遗留在晶粒内。

第三阶段:可靠接头的形成,在接触部位形成的结合层逐渐向体积方向扩散发展,使缺陷(孔洞、氧化物夹杂等)消失,在接触面形成共同的晶粒,并导致内应力松弛,从而形成可靠的连接接头。在此阶段,遗留下的空隙完全消失了。

扩散连接的三个过程不是截然分开的,而是相互交叉进行,最终在接头连接区域通过扩散、再结晶等过程形成固态冶金结合,形成的接头有固溶体、共晶体、金属间化合物等。第三阶段通常会使强度趋于稳定,并提高接头的塑性。但是,对于某些材料(例如界面处形成脆性相的异种金属),脆性相的产生对扩散连接接头性能极为不利,如遇到这种情况,需对这一阶段严格控制。

2.3.2 扩散连接机制

相互接触的两种物质,由于热运动会导致原子间相互渗透。扩散总是向着物质浓度减小的方向进行,使得粒子在其所占空间中均匀地分布,可以是自身原子之间的扩散,也可以是异种原子之间的扩散。固体金属中原子有四种不同的扩散途径:体积扩散、表面扩散、晶间扩散、位错扩散。在实际扩散过程中,这几种扩散机制是同时进行的,有相似的规律,但体积扩散是最基本的扩散过程。固态晶体中原子的扩散机制一般和扩散原子在晶体中的位置及扩散介质的晶体结构有关。目前已经发现和提出的扩散机制主要有以下四种,如图2-25所示:

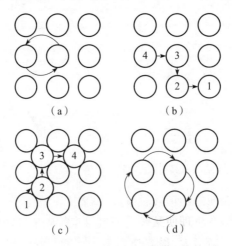

图 2-25 扩散的四种基本机制
(a)换位机制;(b)空位机制;(c)间隙机制;(d)环形机制。

(1)换位机制:在置换式固溶体中,由于形成间隙原子所需要的能量大,平衡状态下间隙原子的扩散被认为是通过两个相邻的原子直接交换位置而进行的,如图2-25(a)所示。按照这种机制,两个原子在交换位置时势必要求相邻原子让出足够的空间,其过程将使交换附近产生严重的晶格畸变而消耗很大的能量。因此,一般认为这种直接交换机制在实际中比较难以实现。

(2) 空位机制:在晶格空位与相邻原子相互扩散位置的情况下,以空位转移的方式来实现,或者说原子借空位的运动而迁移,如图2-25(b)所示。众所周知,在每一温度下,都存在一定浓度的空位。空位的存在使周围邻近原子偏离其平衡位置,势能升高,从而使原子跳入空位所需跨越的势垒高度有所降低。这样,相邻原子向空位的跳动就比较容易。温度越高,空位的浓度越大,金属中原子的扩散便越容易。和空位相邻的原子比较容易进入空位位置而使其原来的点阵位置变为空位,随着这一过程不断进行,就形成了扩散原子与空位的逆向流动。这就是空位扩散机理。该模型的基本原理是:扩散原子依靠与邻近的空位换位实现迁移。

(3) 间隙机制:间隙机制是指扩散原子通过在晶格间隙位置间的跃迁而实现的扩散,如图2-25(c)所示。在间隙固溶体中,由于溶质原子半径通常比溶剂原子小得多,跃迁时形成无限大的晶格畸变,消耗的能量小,因而其扩散率通常较大。它的主要模型是直径小的间隙原子由一个间隙位置跃迁入另一个临近的间隙位置,此时,间隙原子的扩散系数要比基体金属的原子自扩散系数大$10^4 \sim 10^5$倍。当间隙原子直径较大时,间隙原子通过把它临近的在晶格结点上的原子从正常位置推到附近的间隙中而自己占领该原子原来的结点位置。

(4) 环形机制:认为同一晶面上距离相等的n个原子可以同时轮换位置而构成扩散。需要晶体中若干个原子同时做有规则的运动,如图2-25(d)所示。在固态金属和合金中这种行为的概率显然是很小的。因此,实际上环形交换机制也比较难以实现,至今还没有实验支持这种机制。事实上,许多金属在进行互扩散时常有柯肯达尔效应,这至少说明这些金属对扩散机制不单纯是交换机制(包括直接交换机制和环形交换机制),因为按照交换机制通过垂直于扩散方向平面的原子数的净值应为零,即两种组元的扩散系数相等。该机制的本质是依靠点阵节点上原子与邻近位置的原子相互换位来进行扩散。对于面心立方点阵的金属及二元合金固溶体(溶质浓度低时),有可能以这种机制扩散。

2.3.3　扩散连接影响因素

影响扩散连接的因素主要有:温度、压力、时间和表面状态等。

1. 温度

温度是扩散连接最重要的工艺参数,温度的微小变化会使扩散连接速度产生较大的变化。在一定的温度范围内,温度越高,材料塑性越好,扩散过程越快,所获得的接头强度也越高。从这一点考虑,应尽可能选用较高的扩散连接温度,但加热温度受被连接工件和夹具的高温强度、工件的相变、再结晶等冶金特性所限制,如引起母材组织粗化、成分偏析等,因此温度与扩散连接质量并不是简单的正相关,而是存在一个较优的扩散温度范围,通常为$(0.6\sim0.8)T_m$(T_m为母材熔点)。

2. 压力

扩散连接压力的作用是使接头在连接温度下产生一定的塑性变形,消除界面孔洞,增加结合面的实际接触面积。压力是钛合金厚板扩散连接的主要影响因素,如压力过低,则表层塑性变形不足,表面形成物理接触的过程进行不彻底,界面上残留的孔洞过大且过多。较高的扩散压力可产生较大的表层塑性变形,还可使表层再结晶温度降低,加速晶界迁移。高的压力有助于固相扩散焊微孔的收缩和消除,也可减少或防止异种金属扩散焊时的扩散孔洞。在其他参数固定时,采用较高压力能产生较好的接头。工件晶粒度较大或表面较粗糙时所需扩散压力也较大。但压力不能过大,否则会产生严重的塑性变形,导致接头尺寸精度下降,且取决于对总体变形量的限度、设备吨位等。

3. 时间

扩散连接时间是指被连接工件在扩散温度和扩散连接压力下保持的时间,在该连接时间内必须保证扩散过程全部完成,以达到所需的强度。扩散时间并不是一个完全独立的参数,应根据温度和压力合理选择。扩散过程中原子的平均迁移距离X可表示为$X=C\sqrt{Dt}$(式中C为取决于材质的常数,D为扩散系数,t为扩散时间)。在其他参数不变的情况下,适当延长连接时间,可使扩散进行得比较充分,有利于接头成分和组织分布更加均匀。同时扩散连接的温度一般处于再结晶温度以上,进一步延长扩散时间对接头质量没有进一步提高的作用,反而会使接头晶粒长大。对可能形成脆性金属间化合物的接头更应控制扩散时间以求控制扩散层的厚度,避免影响接头性能。

4. 表面状态

表面状态包括表面粗糙度、清洁程度(包括表面上的氧化膜、有机膜、水膜和气膜)和平直度。待扩散连接的零件表面在加热和加压前需酸洗或化学腐蚀以及采用真空焙烧进行真空除气,从而获得清洁的表面。结合面的清洁程度对扩散连接接头的力学性能有很大的影响。一定的平直度和粗糙度是为了保证无需大的变形即可使界面达到所需要的接合面积。扩散连接的试样表面加工精度高,则接触表面微观平直度小,在较低的温度与压力下即可实现整个被连接面的可靠接触与连接,反之,如果其精度低,则需要在较高的温度与压力下才能实现可靠连接。

2.4 超塑成形/扩散连接技术

超塑成形(SPF)是指在特定的条件下利用材料的超塑性使材料成形的方法,如图 2-26 所示。超塑成形包括气压成形、液压成形、体积成形、板材成形、管材成形、杯突成形、无模成形、无模拉拔等。其中,气压成形又称为吹塑成形,是目前航空航天工业应用最为广泛的超塑成形方法。吹塑成形是一种用低能、低压就可获得大变形量的板料成形技术。利用模具在坯料的外侧形成一个封闭的压力空间,薄板被加热到超塑性温度后,在压缩气体的气压作用下,坯料产生超塑性变形,逐渐向模具型面靠近,直至同模具完全贴合为止。

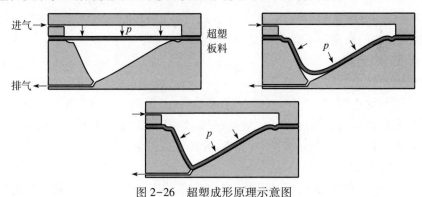

图 2-26 超塑成形原理示意图

超塑成形/扩散连接(SPF/DB)技术是将超塑成形与扩散连接相结合用于制造高精度大型零件的一种近无余量的整体制造技术。该技术利用材料的超塑性和同一热规范内的扩散连接特性,在一次热循环过程中完成超塑成形和扩散连接,制造出常规工艺难以成形的复杂整体结构件。SPF/DB 技术制造的空心结构通常按毛坯板料层数来分类,最常见的有以下四种结构形式(图 2-27):

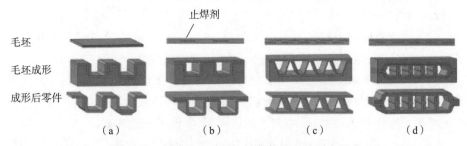

图 2-27 钛合金 SPF/DB 结构件的四种基本形式

(a)单层板结构;(b)两层板结构;(c)三层板结构;(d)四层板结构。

1. 单层板结构

单层板结构包括两种结构形式:一种为采用一层板料通过 SPF 技术成形的单层板结构,该结构主要应用于压力容器、壳体及整流罩等构件;另一种为单层板加强结构(图 2-27(a)),在超塑成形之前或最后阶段,在板料的局部扩散连接一层加强板,增加单层板结构的局部厚度或者作为加强筋,从而提高零件的结构强度和刚度。用于加强的板可以是普通的钛板,也可以是经机械加工过的钛合金加强件。这种加强方法适用于加强框和肋等内部结构。

2. 两层板结构

原始毛坯为两层板,在成形之前,将两层板之间不需要连接的区域涂止焊剂,经 SPF/DB 技术成形之后,没有涂止焊剂的区域被扩散连接在一起,涂有止焊剂的区域超塑成形为空心,最终形成双层板结构。该结构具有整体性好、刚性强、轻量化等显著优势,可取代或者部分取代蒙皮-桁架铆接焊接结构,应用于飞机口盖、舱门和壁板等非承力、次承力构件中。

3. 三层板结构

原始毛坯由三层板组成:两层面板和一层芯板。在成形之前,在板与板之间的适当区域涂止焊剂,经 SPF/DB 技术成形后,上下两层面板形成零件轮廓,中间一层芯板形成具有加强作用的波纹板,起到提高结构强度和刚度的作用。该结构主要应用于进气道唇口、导弹翼面、叶片等结构中。

4. 四层板结构

原始毛坯由四层板组成:两层面板和两层芯板。在成形之前,在两层芯板之间的适当区域涂止焊剂,经 SPF/DB 技术成形后,上下两层面板形成零件轮廓,中间的两层芯板形成垂直隔板,起加强结构的作用。该结构在满足承载性能需求的同时,具有显著轻量化、整体化优势,主要应用于导弹翼面、舵面、飞机缝翼、腹鳍、发动机整流叶片、可调叶片等结构中。

SPF 和 SPF/DB 技术因其工艺特点而具有以下优点:

(1)在成形过程中材料能够承受大变形而不破裂,可成形型面复杂的结构件,这是用常规的热成形方法无法做到或需经过多道次成形才能实现的。

(2)在成形过程中材料流动应力较低,可以用小吨位的设备成形大尺寸的结构件,且加工的结构件回弹小、残余应力低,成形精度高。

(3)采用 SPF 和 SPF/DB 技术制造的结构件整体性能好,具有更高的强度和刚度,更优异的抗疲劳和抗腐蚀性能;较之传统焊接或机械连接的结构件,极大地减少了零件和工装数量,缩短了制造周期,降低了制造成本。

(4)采用 SPF 和 SPF/DB 技术能够提升结构设计的自由度,在保证结构强刚度的需求下进一步提高结构承载效率,减轻结构件重量。

SPF/DB 技术以其高性能、高效率、低成本、近无余量的特点,突破了传统钣金成形方法的局限,推动了航空航天结构设计理念的创新发展,成为在航空航天领域极具发展前景的一种先进制造技术。

参考文献

[1] 林兆荣. 金属超塑性成形原理及应用[M]. 北京:航空工业出版社,1990.

[2] 吴诗惇. 金属超塑性变形理论[M]. 北京:国防工业出版社,1997.

[3] 卡依勃舍夫 O A. 金属的塑性和超塑性[M]. 王燕文,译. 北京:机械工业出版社,1982.

[4] NIEH T G,WADSWORTH J,SHERBY O D. Superplasticity in metals and ceramics[M]. New York:United States of America by Cambridge University Press,1997.

[5] 季霍诺夫 A C. 金属与合金的超塑性效应[M]. 刘春林,译. 北京:科学技术出版社,1983.

[6] UNDERWOOD E E. Review of Superplasticity [J]. J. Metals,1962,14(3):414-419.

[7] BACKOFEN W A,TURNER J R,AVERY D H. Superplasticity in an Al-Zn Alloy[J]. Trans. ASME,1964,57(6):980-990.

[8] ARTZY A B,SHTECHMAN A. Plastic Deformation of Wrought Magnesium Alloys AZ31[J]. Proceedings of the Second Israeli International Conference on Magnesium Science & Technology,2003(2):151-158.

[9] 罗应兵. 轻合金超塑性变形机理与成形工艺研究[D]. 上海:上海交通大学,2007.

[10] 何鸿博. 细晶 TC4 钛合金超塑性变形机制与行为表征[D]. 大连:大连理工大学,2008.

[11] 刘彧. 金属的超塑性与超塑成形[J]. 机械制造与自动化,1998(2):14-15.

[12] 刘渭贤,黄礼平. 钛合金超塑性及超塑性成形[J]. 航空制造技术,1982(8):3-9.

[13] 陈浦泉,崔忠圻,赵敏. 超塑性研究的进展、方向及变形机理[J]. 材料科学与工艺,1990(2):16-22.

[14] 施晓琦. 钛合金超塑成形/扩散连接组合工艺研究[D]. 南京:南京航空航天大学,2007.

[15] 张学学. TC4 多层板超塑成形/扩散连接试验研究[D]. 南京:南京航空航天大学,2012.

[16] 王大刚. 钛合金舵体超塑成形/扩散连接工艺研究[D]. 南京:南京航空航天大学,2013.

[17] KIM J S,CHANG Y W,LEE C S. Quantitative analysis on boundary sliding and its accommodation mode during superplastic deformation of two-phase Ti-6Al-4V alloy[J]. Metallurgical and Materials Transactions A,1998,29:217-226.

[18] KO Y G,LEE C S,SHIN D H,et al. Low-temperature superplasticity of ultra-fine-grained Ti-6Al-4V processed by equal-channel angular pressing[J]. Metallurgical and Materials Transactions A,2006,37:381-391.

[19] KO Y G,KIM W G,LEE C S. Microstructural influence on low-temperature superplasticity of ultrafine-grained Ti-6Al-4V alloy[J]. Materials Science and Engineering A,2005,410-411:156-159.

[20] ROY S,SUWAS S. Enhanced superplasticity for(α+β)-hot rolled Ti-6Al-4V-0. 1B alloy by means of dynamic globularization[J]. Materials & Design,2014,58:52-64.

[21] GAO F,LI W D,MENG B,et al. Rheological law and constitutive model for superplastic deformation of Ti-6Al-4V[J]. Journal of Alloys and Compounds,2017,701:177-185.

[22] LUTFULLIN R Y,KAIBYSHEV O A,SAFIULLIN R V,et al. Superplasticity and solid state bonding of tita-

nium alloys[J]. Acta Metallurgica Sinica(English Letters),2000,(2):561-566.

[23] SALISHCHEV G A,GALEYEV R M,VALIAKHMETOV O R,et al. Development of Ti-6Al-4V sheet with low temperature superplastic properties[J]. Journal of Materials Processing Technology,2001,116(2-3): 265-268.

[24] WANG Y C,LANGDON T G. Influence of phase volume fractions on the processing of a Ti-6Al-4V alloy by high-pressure torsion[J]. Materials Science and Engineering A,2013,559:861-867.

[25] WANG Y C,LANGDON T G. Effect of heat treatment on microstructure and microhardness evolution in a Ti-6Al-4V alloy processed by high-pressure torsion[J]. Journal of Materials Science,2013,48: 4646-4652.

[26] FU J,DING H,HUANG Y,et al. Influence of phase volume fraction on the grain refining of a Ti-6Al-4V alloy by high-pressure torsion[J]. Journal of Materials Research and Technology,2015,4(1): 2-7.

[27] FU J,DING H,HUANG Y,et al. Grain refining of a Ti-6Al-4V alloy by high-pressure torsion and low temperature superplasticity[J]. Letters on Materials,2015,5(3): 281-286.

[28] SALISHCHEV G A,VALIAKHMETOV O R,VALITOV V,et al. Submicrocrystalline and nanocrystalline structure formation in materials and search for outstanding superplastic properties[J]. Materials Science Forum,1994,170-172:121-130.

[29] ZHANG T,LIU Y,SANDERS D G,et al. Development of fine-grain size titanium 6Al-4V alloy sheet material for low temperature superplastic forming[J]. Materials Science and Engineering A,2014,608: 265-272.

[30] MATSUMOTO H,YOSHIDA K,LEE S H,et al. Ti-6Al-4V alloy with an ultrafine-grained microstructure exhibiting low-temperature-high-strain-rate superplasticity[J]. Materials Letters. 2013,98:209-212.

[31] ZHANG W J,DING H,CAI M H,et al. Ultra-grain refinement and enhanced low-temperature superplasticity in a friction stir-processed Ti-6Al-4V alloy[J]. Materials Science and Engineering A,2018(727):90-96.

[32] 杨钦鑫. TA15双层板超塑成形/扩散连接试验研究[D]. 南京:南京航空航天大学,2017.

[33] 张臣. TC4合金四层板舵体结构件超塑成形工艺研究[D]. 北京:机械科学研究总院,2017.

[34] 王坤. 置氢Ti-55高温钛合金超塑变形特性研究[D]. 上海:上海交通大学,2016.

[35] 陈小杰. TA15合金最佳变形速率超塑性及其应用研究[D]. 南昌:南昌航空大学,2012.

[36] 闫亮亮. Ti-55双层板超塑成形-扩散连接试验研究[D]. 南京:南京航空航天大学,2015.

[37] TSUZUKU T. Superplasticity in Advanced Materials[J]. Japan Society for Research on Superplasticity, 1991,611:3.

[38] 张拓阳. 细晶TC4合金的低温超塑性变形研究[D]. 长沙:中南大学,2014.

[39] TANAKA K,IWASAKI R. A phenomenological theory of transformation superplasticity[J]. Engineering Fracture Mechanics,1985,21(4):709-720.

[40] HAN H N,LEE J K. A constitutive model for transformation superplasticity under external stress during phase transformation of steels[J]. ISIJ international. 2002.42(2): 200-205.

[41] 林祥丰,恽君璧. 钢的相变超塑性扩散焊研究[J]. 南京航空航天大学学报,1996.28(2): 199-204.

[42] 孙超. TC4钛合金中空叶片扩散连接-超塑成形技术[D]. 哈尔滨:哈尔滨工业大学,2014.

[43] 朱水兴,杨振恒. 超塑性变形的应力应变速率关系[J]. 材料科学与工艺,1988(4):44-49.

[44] 宋玉泉,赵军. 变m值超塑性本构方程[J]. 材料科学与工艺,1984(3):4-17.

[45] 谭丽琴,王高潮,甘雯晴,等. 基于应变速率循环法的TA15钛合金超塑性本构方程[J]. 航空材料学

报,2014,34(6):21-27.

[46] TAN L Q,WANG G C,GAN W Q,等. 基于应变速率循环法的 TA15 钛合金超塑性本构方程[J]. 航空材料学报,2014(6):21-27.

[47] FAN X G,YANG H,GAO P F. Prediction of constitutive behavior and microstructure evolution in hot deformation of TA15 titanium alloy[J]. Materials & Design,2013,51: 34-42.

[48] 管志平. 超塑性拉伸变形定量力学解析[D]. 长春:吉林大学,2008.

[49] 李志强,郭和平. 超塑成形/扩散连接技术的应用与发展现状[J]. 航空制造技术,2004(11):50-52.

第3章

典型结构成形与工艺质量控制

钛合金典型结构成形工艺的合理设计和精准控制是保证 SPF/DB 结构成形质量的关键。本章介绍了单层板结构、两层板结构、三层板结构及四层板结构等典型结构的 SPF/DB 工艺原理和工艺路线,提出了基于工艺可行性的结构参数设计原则、工艺参数选取准则以及模具设计方法。结合航空航天领域典型钛合金 SPF/DB 零件成形实例,采用数值模拟和实验验证相结合的方法,详细介绍了壁厚均匀性、表面褶皱、局部破裂、冷却变形、表面阶差等质量缺陷的控制方法。

3.1 典型结构成形工艺过程

钛合金超塑成形和扩散连接技术的完美结合,可实现不同类型 SPF/DB 结构的成形制造。按照毛坯板料层数的不同,SPF/DB 典型结构可分为单层板结构、两层板结构、三层板结构和四层板结构,不同的结构形式具有不同的工艺要求。本节重点介绍四种典型结构形式对应的工艺原理和工艺路线。

3.1.1 典型结构超塑成形/扩散连接成形工艺原理

1. 单层板结构

单层板结构的原始毛坯为具备超塑性的单层钛合金板材,工艺过程如图 3-1 所示。将钛合金板料装入成形模具后,上下模具合模,板材四周依靠模具边缘压紧,板材与上下模腔形成封闭的空间。当板材被加热到超塑性温度后,从模腔中注入惰性气体,板材在上下模腔气体压力差的作用下,以低应变速率缓慢成形,逐渐向模具型面靠近,直至同模具型面完全贴合。

2. 两层板结构

SPF/DB 两层板结构的原始毛坯为两层钛合金板材,工艺过程如图 3-2 所示。首先将局部涂有止焊剂的板材 1 和板材 2 封焊后放入加热炉中,两块板材

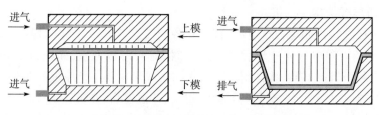

图 3-1 单层板结构超塑成形过程示意图

中间为真空状态,从下模具通入惰性气体,使未涂覆止焊剂的部位实现扩散连接。随后向板材 1 和板材 2 之间通入惰性气体,使板材 2 中涂有止焊剂的部位发生超塑性变形,同时将模腔内的气体排出,直至板材 2 贴合下模具型腔。

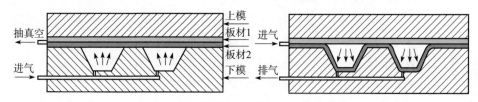

图 3-2 两层板结构 SPF/DB 工艺原理图

3. 三层板结构

三层板结构如图 3-3 所示,原始毛坯由三层板材组成。板材 2 两侧涂覆有止焊剂并与板材 1、板材 3 封焊成密封口袋,口袋端部留有气管。首先,三层面板内部抽真空,从下模具注入惰性气体,使三层板材之间未涂覆止焊剂的部位实现扩散连接。随后,从三层板材的密封口袋进气管注入惰性气体,板材 1 和板材 3 在气压的带动下向两侧模具气胀成形,直至贴紧模具形成带有波纹桁架结构的空腔。

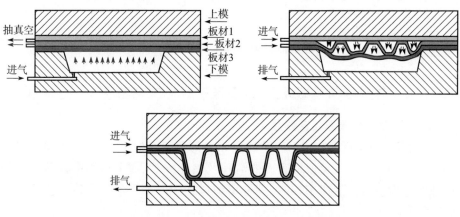

图 3-3 三层板结构 SPF/DB 工艺原理图

4. 四层板结构

四层板结构由四层板材组成,首先在板材 2 与板材 3 之间的特定区域涂覆止焊剂,经 SPF/DB 技术成形后,板材 1 和板材 4 形成面板,而板材 2 和板材 3 形成垂直隔板,起加强结构作用。四层板结构成形主要工艺原理如图 3-4 所示:

(1) 外层超塑成形:当板材升温到 SPF/DB 温度后,在板材 1 和板材 2 之间、板材 3 和板材 4 之间注入惰性气体,控制板材应变速率在最佳范围内,使变形后板材的壁厚尽量均匀,直至板材 1 和板材 4 与模具完全贴合,如图 3-4(a)所示;

(2) 内层扩散连接:在板材 1 和板材 4 超塑成形过程中,板材 2 和板材 3 之间保持真空状态,防止扩散连接界面污染;外层保压一段时间,板材 2 和板材 3 之间的界面实现扩散连接,如图 3-4(b)所示;

(3) 内层超塑成形:气体由板材 1 和板材 2 之间、板材 3 和板材 4 之间排出,板材 2 和板材 3 之间注入惰性气体,板材在最佳应变速率范围内缓慢成形,直至板材 2 与板材 1、板材 3 与板材 4 完全贴合,如图 3-4(c)所示;

(4) 内外层扩散连接:板材 2 和板材 3 之间保持气体压强,使板材 2 与板材 1、板材 3 与板材 4 充分扩散连接,如图 3-4(d)所示。

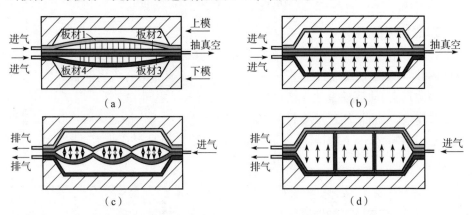

图 3-4　四层板结构 SPF/DB 工艺原理图

▲ 3.1.2　典型结构超塑成形/扩散连接成形工艺路线

1. 单层板结构成形工艺路线

超塑成形单层板结构成形工艺路线相对简单,板材在成形过程中需重点关注以下几个方面:模具及板材表面的清理及氧化保护、成形过程中的炉温均匀性、成形过程中的应变速率控制、零件出炉过程中的变形等。具体工艺路线如图 3-5 所示。

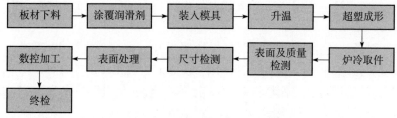

图 3-5　单层板结构超塑成形工艺路线

（1）板材下料：采用剪板机或者线切割方式进行板材下料。

（2）涂覆润滑剂：清洗的板材烘干后，涂覆具有润滑效果的防氧化涂料。

（3）装炉升温：将板材装入成形模具后合模升温，模具与板料共同加热到成形温度。

（4）超塑成形：模腔中充入惰性气体，板材在低应变速率条件下缓慢成形。如果需要正反向成形，上下模腔分别设置气路通道，分步成形。

（5）炉冷取件：待炉腔降温后取出零件，检查零件表面质量及其外形尺寸精度。

（6）检测：表面及质量检测、尺寸检测。

（7）表面处理：零件碱崩酸洗或者吹砂处理去除氧化皮。

（8）数控加工：按照产品检验要求进行零件的数控加工及表面打磨。

（9）终检：按照相关检测要求，对零件进行最终检测。

2. 多层板结构成形工艺路线

对于多层板结构，需通过扩散连接和超塑成形工艺的结合实现空心结构的制造，其工艺流程相对复杂，较单层板结构主要增加了图形制备、组焊封边、超声波检测等工序，具体工艺路线如图 3-6 所示，与单层板结构不同的关键工序介绍如下：

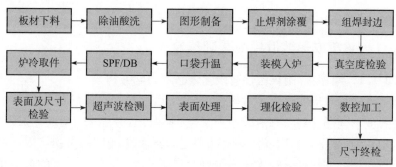

图 3-6　多层板结构 SPF/DB 工艺路线

（1）除油酸洗：利用金属清洗剂去除板材表面的污染物、氧化物、酸迹和水印等。

（2）图形制备：止焊剂轮廓图形应按照展开的模拟分析结果，通过划线、激光投影或激光雕刻等方法标记在板料上，按标记涂覆止焊剂。

（3）组焊封边：多层板料按照次序定位后，通过专用焊接夹具固定，采用氩弧焊封焊口袋，并在止焊剂图形气道位置预留进气道，焊接进气管和排气管。

（4）真空度检验：对封闭的空腔进行抽真空处理，并检验真空度，确保空腔的密封性良好。

（5）扩散连接：模腔内充氩气加压，使两块钛合金板之间未涂止焊剂处进行扩散连接。

（6）超塑成形：模腔内抽真空，口袋内充惰性气体加压，加压过程中按照预设的压力-时间曲线控制应变速率，尽量保证材料在最佳变形速率下成形，最后保压一段时间，确保零件完全贴模。

（7）超声波检测：对零件进行超声无损检测，检测扩散连接质量。

（8）X 射线检测：对零件进行 X 射线检测，检测筋条质量。

3.2 典型结构成形过程数值模拟

SPF/DB 工艺过程复杂，且在高温、密闭环境下进行，成形的中间过程难以观测和控制。同时，由于 SPF/DB 结构形式多样，不同结构形式的零件成形过程差异较大，无法用统一的工艺方法解决各类结构的成形质量问题。随着有限元数值模拟技术的发展，采用非线性有限元方法对 SPF/DB 过程进行数值模拟，可为工艺参数的优化和工艺质量的控制提供便捷、准确的方法。本节介绍了超塑成形数值模拟的基础理论，阐述了典型 SPF/DB 结构件成形过程的有限元建模方法和数值模拟结果。

3.2.1 超塑成形数值模拟基础理论

3.2.1.1 刚塑性/刚黏塑性有限元法基本力学方程

超塑性变形对应变速率非常敏感，且变形后材料的回弹量极小，属于典型的非线性大变形问题，因此，一般采用刚塑性/刚黏塑性模型来计算超塑成形。

刚塑性/刚黏塑性有限元法一般基于变分原理或上限定理，按有限元的模式利用节点速度的非线性函数来表示能耗率泛函数，并采用数学上的最优化理论获得总能耗率取最小值时的动可容速度场，最后利用超塑性变形的力学基本理论公式求取变形速度场、应力场、应变场以及其他变形参数。在求解过程中,与弹塑性/弹黏塑性有限元法相比,刚塑性/刚黏塑性有限元法不存在应力累积误差的问题,也没有单元的逐步屈服问题,因此其计算精度高、计算工作量小,是超塑成形过程有限元数值模拟的一种有效方法。

为了减少计算量,提高模拟效率,在利用刚塑性/刚黏塑性有限元法模拟超塑性变形时,有必要对材料的变形特点和物理性能做出一些假设:

(1)变形过程中不考虑材料的弹性变形;

(2)变形过程中材料体积保持不变;

(3)材料均质,且呈现各向同性;

(4)不计体积力和惯性力;

(5)材料变形流动符合 Levy-Mises 屈服条件。

根据上述假设条件,可近似认为应变硬化指数 $n=0$,则流动状态方程可表示为

$$\sigma = K\dot{\varepsilon}^{m} \tag{3-1}$$

式中:σ 为应力;$\dot{\varepsilon}$ 为应变速率;K 为材料常数;m 为应变速率敏感性指数。本构方程中的系数由单向超塑拉伸试验得到。

在有限元数值模拟过程中,刚黏塑性材料发生超塑性变形时,必须满足的刚塑性/刚黏塑性基本力学理论方程有:

(1)平衡方程:

$$\boldsymbol{\sigma}_{ij,j} = 0 \tag{3-2}$$

式中:$\boldsymbol{\sigma}_{ij}$ 为应力张量;$i,j=x,y,z$;",''表示对坐标变量的偏微分。

(2)几何方程:

$$\dot{\boldsymbol{\varepsilon}}_{ij} = \frac{1}{2}(\boldsymbol{u}_{i,j} + \boldsymbol{u}_{j,i}) \tag{3-3}$$

式中:$\dot{\boldsymbol{\varepsilon}}_{ij}$ 为应变速率张量;$\boldsymbol{u}_i$、$\boldsymbol{u}_j$ 为位移速度分量。

(3)体积不可压缩方程

$$\dot{\varepsilon}_V = \dot{\varepsilon}_{ij}\delta_{ij} = 0 \tag{3-4}$$

式中:$\dot{\varepsilon}_V$ 为体积应变速率;δ_{ij} 为克罗内克尔记号,$\delta_{ij} = \begin{cases} 1 & (i=j) \\ 0 & (i \neq j) \end{cases}$。

(4)屈服准则:

$$\overline{\sigma} = \sqrt{\frac{3\sigma'_{ij}\sigma'_{ij}}{2}} \tag{3-5}$$

式中:$\overline{\sigma}$ 为等效应力;σ'_{ij} 为应力偏量。对于刚塑性材料为

$$\overline{\sigma}=\overline{\sigma}(\overline{\varepsilon}) \tag{3-6}$$

式中:$\overline{\varepsilon}$ 为等效应变。

对于刚黏塑性材料为

$$\overline{\sigma}=\overline{\sigma}(\overline{\varepsilon},\dot{\overline{\varepsilon}}) \tag{3-7}$$

式中:$\dot{\overline{\varepsilon}}$ 为等效应变速率。

（5）Levy-Mises 关系:

$$\dot{\varepsilon}_{ij}=\dot{\lambda}\sigma'_{ij} \tag{3-8}$$

式中:$\dot{\lambda}$ 为非负比例常数,有

$$\dot{\lambda}=\frac{3}{2}\frac{\dot{\overline{\varepsilon}}}{\overline{\sigma}} \tag{3-9}$$

式中:$\dot{\overline{\varepsilon}}=\sqrt{\frac{2}{3}\dot{\varepsilon}_{ij}\dot{\varepsilon}_{ij}}$。

（6）边界条件:

边界条件包括力边界条件和速度边界条件,设变形体体积为 V,表面积为 S,在力面 S_F 上作用着表面力 F_i,在速度面 S_u 上给定速度 $\overline{u}_i$,应力边界条件满足:

$$\sigma_{ij}n_j=F_i \tag{3-10}$$

式中:n_j 为 S_F 表面上任一点处单位外法线向量的分量。

速度边界条件满足:

$$u_i=\overline{u}_i \tag{3-11}$$

3.2.1.2 刚塑性/刚黏塑性有限元法变分原理

变分原理是刚塑性/刚黏塑性有限元法的理论基础,它通过能量积分把数学上难以解决的偏微分方程求解问题转化为泛函极值求解问题,从而为各种实际问题的求解提供了一种较为容易的方法。

根据马尔可夫(Markov)变分原理,在满足边界条件、几何方程和体积不可压缩条件的许可速度场中,真实解使泛函:

$$\pi=\int E(\dot{\varepsilon}_{ij})\mathrm{d}V-\int_{S_F}F_iu_i\mathrm{d}S \tag{3-12}$$

取极小值,其中 $E(\dot{\varepsilon}_{ij})$ 为功函数,且有

$$E(\dot{\varepsilon}_{ij})=\int_0^{\overline{\varepsilon}}\overline{\sigma}\mathrm{d}\dot{\overline{\varepsilon}} \tag{3-13}$$

根据材料本构关系的不同,功函数的表达形式也就不同。对于刚塑性材料,等效应力与应变速率无关,则 $E(\dot{\varepsilon}_{ij})=\overline{\sigma}\dot{\overline{\varepsilon}}$。

根据处理将体积不变条件引入泛函表达式中方法的不同,得出的刚塑性和

刚黏塑性有限元求解方法和求解列式也就不同,主要有拉格朗日乘子法、罚函数法和材料可压缩法。

拉格朗日乘子法由于引入了附加的未知量(拉格朗日乘子),因而增加了方程组未知量的总数,并且改变了刚度矩阵非零元素沿对角线带状分布的特性,导致计算机存储量增加,给编程带来困难,计算时间也较长,材料可压缩法比较适合于分析多孔的可压缩材料成形过程。

与拉格朗日乘子法相比,罚函数法不引入附加未知量,求解未知量且保持了刚度矩阵非零元素沿对角线带状分布的特性,可按半带宽存储法压缩存储量,以提高计算效率。

罚函数法通过引入惩罚因子 α,在泛函式(3-12)中添加体积变化约束项 $\frac{\alpha}{2}\int \dot{\varepsilon}_V dV$,得到新的泛函:

$$\pi = \int E(\dot{\varepsilon}_{ij})\,dV - \int_{S_F} F_i u_i\,dS + \frac{\alpha}{2}\int \dot{\varepsilon}_V dV \qquad (3-14)$$

其中

$$\begin{cases} \pi_D = \int E(\dot{\varepsilon}_{ij})\,dV \\[2mm] \pi_P = \frac{\alpha}{2}\int \dot{\varepsilon}_V dV \\[2mm] \pi_F = -\int_{S_F} F_i u_i\,dS \end{cases} \qquad (3-15)$$

当泛函取驻值时,泛函的一阶变分为零,根据式(3-12)和式(3-13)对式(3-14)取变分可得到如下变分方程:

$$\begin{aligned} \sigma\pi &= \sigma\pi_D + \delta\pi_P + \delta\pi_F \\ &= \int \overline{\sigma}\delta\dot{\overline{\varepsilon}}\,dV + \alpha\int \dot{\varepsilon}_V \delta\dot{\varepsilon}\,dV - \int_{S_F} F_i \delta u_i\,dS = 0 \end{aligned} \qquad (3-16)$$

惩罚函数法只能求解应力偏量 σ'_{ij},无法求出平均应力 σ_m,可以证明当解收敛到真实值时,可由下式计算平均应力:

$$\sigma_m = \alpha\dot{\varepsilon}_V \qquad (3-17)$$

从数学意义上讲,只有当惩罚因子 α 取无穷大时才能严格满足体积不变的条件,而实际计算时是不可能做到的。总的说来,惩罚因子 α 的取值应使体积应变速率 $\dot{\varepsilon}_v$ 趋近于零,一般地,当流动应力单位为 MPa 时,α 取值大约在 $10^5 \sim 10^6$ 之间,当流动应力单位为 Pa 时,α 取值大约在 $10^{11} \sim 10^{12}$ 之间。

3.2.1.3　刚塑性/刚黏塑性有限元求解列式

刚塑性/刚黏塑性有限元法的求解过程与一般有限元法一样,首先要选定单元的类型对变形体进行离散化处理,然后建立单元刚度矩阵,进而组装成整体刚度矩阵,最后求解方程组,都是非线性的,所以单元刚度方程和整体刚度方程求解时必须进行线性化处理。本节介绍刚塑性/刚黏塑性有限元法的主要求解列式。

1. 刚塑性/刚黏塑性有限元离散化与线性化

离散化过程包括空间区域的离散化以及能量泛函的离散化。整个变形体能量泛函是各个单元能量泛函的总和,变分方程(3-17)可以通过离散化用节点速度 u 及其变分 δu 来表示,即

$$\delta \pi = \frac{\partial \pi}{\partial u} \delta u = 0 \qquad (3-18)$$

由于变分的任意性,当泛函取驻值时,由式(3-18)可得到以下代数方程(即刚度方程):

$$\frac{\partial \pi}{\partial u_i} = \sum_e \frac{\partial \pi^e}{\partial u_i} = 0 \qquad (3-19)$$

式中:π^e 为单元泛函;e 为单位。

对于金属成形问题,式(3-19)是非线性的,求解时先要进行线性化处理,通常采用在速度场 $\{u\}_n$ 附近进行泰勒级数展开的方法实现,然后采用迭代的方式求解方程组。设第 $n+1$ 次迭代的速度场 $\{u\}_{n+1}$ 为第 n 次迭代的速度场 $\{u\}_n$ 与第 $n+1$ 次迭代的速度场修正量 $\{\Delta u\}_{n+1}$ 之和:

$$\{u\}_{n+1} = \{u\}_n + \{\Delta u\}_{n+1} \qquad (3-20)$$

采用泰勒级数将式(3-20)展开,忽略二阶以上的高次项,得到线性化的方程组:

$$\sum_e \frac{\partial \pi^e}{\partial \{u\}_{n+1}} = \sum_e \frac{\partial \pi^e}{\partial \{u\}_n} + \sum_e \frac{\partial^2 \pi^e}{\partial^2 \{u\}_n} \cdot \{\Delta u\}_{n+1} = 0 \qquad (3-21)$$

式(3-21)可简写成如下矩阵形式:

$$\boldsymbol{K}\{\Delta u\} = \boldsymbol{F} \qquad (3-22)$$

式中:$\boldsymbol{K}$ 为刚度矩阵;$\boldsymbol{F}$ 为残余节点力向量。求解线性方程组式(3-22)可以求出速度增量 $\{\Delta u\}$,再重新构造新的刚度方程,反复迭代修正,直到收敛,从而可求得真实速度场 $\{u\}$。

本书采用四边形等参元将变形体空间 V 离散成 N 个节点 M 个单元,单元节点坐标和速度分别为 (x_i, y_j) 和 $(u_x^{(i)}, u_y^{(j)}$,单元节点速度用向量 $\{u\}^e$ 表示:

$$\{u\}^e = \{u_x^{(1)}, u_y^{(1)}, u_x^{(2)}, u_y^{(2)}, u_x^{(3)}, u_y^{(3)}, u_x^{(4)}, u_y^{(4)}\} \qquad (3-23)$$

四节点等参元的形函数为单元自然坐标的双线性函数,即

$$N_i(\xi, \eta) = \frac{1}{4}(1 + \xi_i \xi)(1 + \eta_i \eta) \qquad (3-24)$$

其中,(ξ_i,η_i) 为节点的自然坐标。根据等参元的定义,单元内任一点 P 的自然坐标为 (ξ,η),则该点的总体坐标和速度可由下式表示:

$$\begin{cases} x(\xi,\eta) = \sum_{i=1}^{4} N_i(\xi,\eta)x_i \\[2mm] y(\xi,\eta) = \sum_{i=1}^{4} N_i(\xi,\eta)y_i \end{cases} \tag{3-25}$$

$$\begin{cases} u_x(\xi,\eta) = \sum_{i=1}^{4} N_i(\xi,\eta)u_x^{(i)} \\[2mm] u_y(\xi,\eta) = \sum_{i=1}^{4} N_i(\xi,\eta)u_y^{(i)} \end{cases} \tag{3-26}$$

上式写出矩阵式为

$$\{u\} = \{u_x(\xi,\eta),u_y(\xi,\eta)\}^{\mathrm{T}} = N\{u\}^e \tag{3-27}$$

式中:$\{u\}$ 为 P 点的速度向量;N 为形函数矩阵。

$$N = \begin{bmatrix} N_1 & 0 & N_2 & 0 & N_3 & 0 & N_4 & 0 \\ 0 & N_1 & 0 & N_2 & 0 & N_3 & 0 & N_4 \end{bmatrix} \tag{3-28}$$

2. 刚塑性/刚黏塑性有限元单元应变速率矩阵

对于平面应变问题,几何方程(3-3)可表示为(3-29),对称图形为(3-30):

$$\{\dot{\varepsilon}\} = \begin{Bmatrix} \dot{\varepsilon}_x \\ \dot{\varepsilon}_y \\ \dot{\varepsilon}_z \\ \dot{\gamma}_{xy} \end{Bmatrix} = \begin{Bmatrix} \dfrac{\partial u_x}{\partial x} \\[2mm] \dfrac{\partial u_y}{\partial y} \\[2mm] 0 \\[2mm] \dfrac{\partial u_y}{\partial x}+\dfrac{\partial u_x}{\partial y} \end{Bmatrix} \tag{3-29}$$

$$\{\dot{\varepsilon}\} = \begin{Bmatrix} \dot{\varepsilon}_r \\ \dot{\varepsilon}_z \\ \dot{\varepsilon}_\theta \\ \dot{\gamma}_{rz} \end{Bmatrix} = \begin{Bmatrix} \dfrac{\partial u_r}{\partial r} \\[2mm] \dfrac{\partial u_z}{\partial z} \\[2mm] \dfrac{u_r}{r} \\[2mm] \dfrac{\partial u_z}{\partial x}+\dfrac{\partial u_r}{\partial z} \end{Bmatrix} \tag{3-30}$$

将式(3-28)代入式(3-29)、式(3-30)并写成如下形式：

$$\{\dot{\varepsilon}\} = \begin{Bmatrix} \dot{\varepsilon}_1 \\ \dot{\varepsilon}_2 \\ \dot{\varepsilon}_3 \\ \dot{\varepsilon}_4 \end{Bmatrix} = \boldsymbol{B}\{\boldsymbol{u}\} \tag{3-31}$$

$\boldsymbol{B}$ 为应变速率矩阵，且

$$\boldsymbol{B} = \begin{bmatrix} X_1 & 0 & X_2 & 0 & X_3 & 0 & X_4 & 0 \\ 0 & Y_1 & 0 & Y_2 & 0 & Y_3 & 0 & Y_4 \\ P_1 & 0 & P_2 & 0 & P_3 & 0 & P_4 & 0 \\ Y_1 & X_1 & Y_2 & X_2 & Y_3 & X_3 & Y_4 & X_4 \end{bmatrix} \tag{3-32}$$

式中：X_i、$Y_i(i=1,2,3,4)$ 为形函数 N_i 对整体坐标的偏导数。对平面应变为题 $P_i=0$，对轴对称问题 $N_i=N_i/r$。X_i 和 Y_i 的取值如下：

（1）平面应变问题：

$$\begin{Bmatrix} X_1 \\ X_2 \\ X_3 \\ X_4 \end{Bmatrix} = \frac{1}{8|J|} \begin{Bmatrix} y_{24}-y_{34}\xi-y_{23}\eta \\ -y_{13}+y_{34}\xi+y_{14}\eta \\ -y_{24}+y_{12}\xi-y_{14}\eta \\ y_{13}-y_{12}\xi+y_{23}\eta \end{Bmatrix} \tag{3-33}$$

$$\begin{Bmatrix} Y_1 \\ Y_2 \\ Y_3 \\ Y_4 \end{Bmatrix} = \frac{1}{8|J|} \begin{Bmatrix} -x_{24}+x_{34}\xi+x_{23}\eta \\ x_{13}-x_{34}\xi-x_{14}\eta \\ x_{24}-x_{12}\xi+x_{14}\eta \\ -x_{13}+x_{12}\xi-x_{23}\eta \end{Bmatrix} \tag{3-34}$$

式中：$x_{ij}=x_i-x_j$；$y_{ij}=y_i-y_j$；$|J|$ 为雅可比行列式的值，且

$$|J| = \frac{1}{8}\left[(x_{13}y_{24}-x_{24}y_{13})+(x_{34}y_{12}-x_{12}y_{34})\xi+(x_{23}y_{14}-x_{14}y_{23})\eta \right] \tag{3-35}$$

（2）轴对称问题：

$$\begin{Bmatrix} X_1 \\ X_2 \\ X_3 \\ X_4 \end{Bmatrix} = \frac{1}{8|J|} \begin{Bmatrix} z_{24}-z_{34}\xi-z_{23}\eta \\ -z_{13}+z_{34}\xi+z_{14}\eta \\ -z_{24}+z_{12}\xi-z_{14}\eta \\ z_{13}-z_{12}\xi+z_{23}\eta \end{Bmatrix} \tag{3-36}$$

$$\begin{Bmatrix} Y_1 \\ Y_2 \\ Y_3 \\ Y_4 \end{Bmatrix} = \frac{1}{8|J|} \begin{Bmatrix} -r_{24}+r_{34}\xi+r_{23}\eta \\ r_{13}-r_{34}\xi-r_{14}\eta \\ r_{24}-r_{12}\xi+r_{14}\eta \\ -r_{13}+r_{12}\xi-r_{23}\eta \end{Bmatrix} \qquad (3-37)$$

式中：$r_{ij} = r_i - r_j$；$z_{ij} = z_i - z_j$；$|J|$为雅可比行列式的值,且

$$|J| = \frac{1}{8}\left[(r_{13}z_{24}-r_{24}z_{13}) + (r_{34}z_{12}-r_{12}z_{34})\xi + (r_{23}z_{14}-r_{14}z_{23})\eta \right] \qquad (3-38)$$

等效应变速率可表示为

$$\dot{\bar{\varepsilon}} = \sqrt{\frac{2}{3}\dot{\varepsilon}_{ij}\dot{\varepsilon}_{ij}} \qquad (3-39)$$

则有

$$\dot{\bar{\varepsilon}}^2 = \frac{2}{3}\dot{\varepsilon}_{ij}\dot{\varepsilon}_{ij} = \{\dot{\varepsilon}\}^{\mathrm{T}}\boldsymbol{D}\{\dot{\varepsilon}\} \qquad (3-40)$$

$\boldsymbol{D}$ 为常数对角矩阵,且

$$\boldsymbol{D} = \begin{bmatrix} \dfrac{2}{3} & 0 & 0 & 0 \\ 0 & \dfrac{2}{3} & 0 & 0 \\ 0 & 0 & \dfrac{2}{3} & 0 \\ 0 & 0 & 0 & \dfrac{2}{3} \end{bmatrix} \qquad (3-41)$$

将式(3-31)代入式(3-40)得：

$$\dot{\bar{\varepsilon}}^2 = \{u\}^{\mathrm{T}}\boldsymbol{B}^{\mathrm{T}}\boldsymbol{DB}\{u\} = \{u\}^{\mathrm{T}}\boldsymbol{P}\{u\} \qquad (3-42)$$

式中：$\boldsymbol{P}$ 为等效应变速率矩阵,且

$$\boldsymbol{P} = \boldsymbol{B}^{\mathrm{T}}\boldsymbol{DB} \qquad (3-43)$$

体积应变速率为

$$\dot{\varepsilon}_V = \varepsilon_{ij} = \dot{\varepsilon}_x + \dot{\varepsilon}_y + \dot{\varepsilon}_z \qquad (3-44)$$

写成矩阵形式如下：

$$\dot{\varepsilon}_V = \{\dot{\varepsilon}\}^{\mathrm{T}}\{\boldsymbol{C}\} \qquad (3-45)$$

式(3-45)中$\{\boldsymbol{C}\}$为体积应变速率列阵,且

$$\begin{cases} \{\boldsymbol{C}\} = \{1 \quad 1 \quad 0 \quad 0\}^{\mathrm{T}} & （平面问题） \\ \{\boldsymbol{C}\} = \{1 \quad 1 \quad 1 \quad 0\}^{\mathrm{T}} & （轴对称问题） \\ \{\boldsymbol{C}\} = \{1 \quad 1 \quad 1 \quad 0 \quad 0 \quad 0\}^{\mathrm{T}} & （三维问题） \end{cases} \qquad (3-46)$$

3. 刚塑性/刚黏塑性有限元单元刚度矩阵

单元刚度矩阵由单元泛函对节点速度分量的二阶偏导数组成,将式(3-27)、式(3-31)、式(3-42)、式(3-45)代入变分方程(3-16),并对节点速度取偏导数可得如下矩阵形式:

$$\frac{\partial \pi^e}{\partial \{u\}} = \int \frac{\overline{\sigma}}{\dot{\overline{\varepsilon}}} P\{u\} \mathrm{d}V + \int \alpha \boldsymbol{B}^{\mathrm{T}}\{C\}\{C\}^{\mathrm{T}}\boldsymbol{B}\{u\}\mathrm{d}V - \int_{S_F} \boldsymbol{N}^{\mathrm{T}}\boldsymbol{F}\mathrm{d}S \quad (3-47)$$

则泛函对节点速度的二阶偏导数可表示为

$$\frac{\partial^2 \pi^e}{\partial^2 \{u\}} = \int \frac{\overline{\sigma}}{\dot{\overline{\varepsilon}}} P\mathrm{d}V + \int \alpha \boldsymbol{B}^{\mathrm{T}}\{C\}\{C\}^{\mathrm{T}}\boldsymbol{B}\mathrm{d}V -$$

$$\int \left(\frac{1}{\dot{\overline{\varepsilon}}} \frac{\partial \overline{\sigma}}{\partial \dot{\overline{\varepsilon}}} - \frac{\overline{\sigma}}{\dot{\overline{\varepsilon}}^2} \right) \frac{1}{\dot{\overline{\varepsilon}}} \boldsymbol{P}^{\mathrm{T}}\{u\}\{u\}^{\mathrm{T}}\boldsymbol{P}\mathrm{d}V \quad (3-48)$$

式(3-48)即为刚塑性/刚黏塑性有限元法的通用单元刚度矩阵的计算式,对刚塑性材料,等效应力 $\overline{\sigma}$ 与等效应变速率 $\dot{\overline{\varepsilon}}$ 无关,式中 $\dfrac{\partial \overline{\sigma}}{\partial \dot{\overline{\varepsilon}}}$ 项的值为零;对于刚黏塑性材料,$\dfrac{\partial \overline{\sigma}}{\partial \dot{\overline{\varepsilon}}}$ 则取决于具体的材料本构关系模型 $\overline{\sigma} = \overline{\sigma}(\overline{\varepsilon}, \dot{\overline{\varepsilon}})$。

◢3.2.2 典型结构超塑成形过程数值模拟

基于超塑成形数值模拟的基础理论,以典型单层板结构和两层板结构(与三层板结构、四层板结构建模方法类似)为实例,介绍有限元建模方法。从单层板的超塑成形模拟开始逐步深入到多层板的 SPF/DB 过程模拟,从而为各类典型结构 SPF/DB 过程数值模拟提供参考。

1. 有限元建模

1) 建立几何模型

针对 TC4 钛合金单层板结构和典型两层板 SPF/DB 结构分别建立几何分析模型。几何模型包含模具和 TC4 板材两种部件。成形过程中,板材处于超塑性变形状态,相比于板材,模具的刚度远大于 TC4 板材,因此在建立模型时可以将模具视为刚体。将典型零件的外表面作为模具外形,保存为 IGS 格式导入 ABAQUS 进行建模。在部件实体定义时,将模具定义为解析刚体,采用 R3D4 刚体单元;将板材定义为可变形体,采用 S4R 壳单元。对于外形对称的典型结构,选择 1/2 或 1/4 模型进行分析,有限元分析模型如图 3-7 所示。

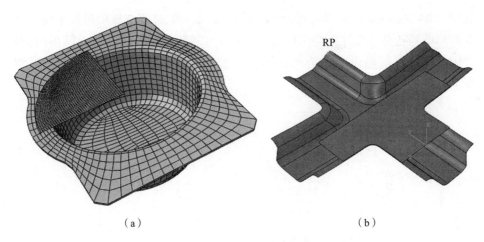

（a）　　　　　　　　　　　　　　　　　　　（b）

图 3-7　有限元几何模型

（a）单层板结构；（b）两层板结构。

2）材料常数

超塑成形为等温状态，因此忽略变形过程中的温度变化。模拟分析中，选用刚塑性材料模型，应变硬化模型采用 Backofen 流变方程（式（3-1））。

由速度突变法试验测得 $m=0.63$，得到 TC4 钛合金的材料常数 K 值为 1315.2MPa·s。在 ABAQUS/Standard 蠕变分析中采用一定温度下的时间硬化模型，材料常数如表 3-1 所示。本构方程为

$$\dot{\varepsilon}_c = A\sigma^n t^m$$

表 3-1　本构方程中材料常数

A/MPa^{-1}	n	m
1.12×10^{-5}	1.5873	0

3）接触定义

板料与模具型面为接触连接，由于超塑成形过程中板料与模具、板料与板料之间的摩擦状态（包括摩擦力和摩擦系数等）很难测定、观察，只能依靠经验或假设来估计。因此选用罚函数模型计算接触应力，用来解决在粘结和滑移两种状态之间不连续性可能导致的收敛问题。接触摩擦模型采用库仑摩擦定律，摩擦系数取 0.1。

4）边界条件与载荷

模具施加全约束固定，解析刚体在 ABAQUS 中需要定义参考点，将约束施加在参考点上。对于 TC4 板材，两端由于模具夹紧作用，可以使用 Tie 约束将其位移与模具绑定，在接头处约束板的 X、Y 方向的位移。气体压力载荷为分布面

载荷,ABAQUS 施加面载荷需要与单元法线方向一致,才能在成形过程中使分布载荷与单元随动。零件生产中使用的气压-时间曲线是经过经验总结得出的,如图 3-8 所示。基于经验的加压路径能够满足板材在超塑成形阶段的变形要求。

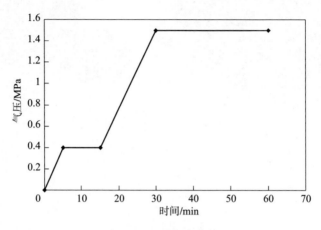

图 3-8　经验加压曲线

2. 有限元分析结果

采用 ABAQUS/Standard 有限元求解器,对典型的单层板结构和两层板结构进行超塑成形过程数值模拟,预测 TC4 钛合金板料在 910℃超塑成形后的厚度分布,如图 3-9 所示。单层板结构初始板材厚度为 1.5mm,成形后最小厚度为 0.52mm,两层板结构初始板材厚度为 1.2mm,成形后最小厚度为 0.75mm。

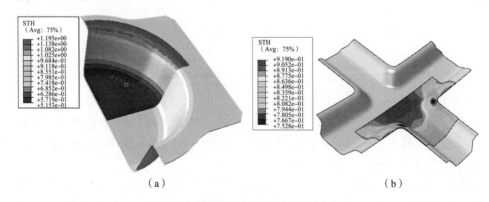

（a）　　　　　　　　　　　　　　（b）

图 3-9　超塑成形后零件的壁厚分布

(a)单层板结构;(b)两层板结构。

3. 优化载荷控制结果

超塑成形过程中,为避免板料严重减薄,在经验气压-时间曲线下,一般会对零件结构进行优化设计。为了优化成形过程,减小板材在超塑成形中壁厚的不均匀性,控制应变速率在合适范围十分重要。有限元分析控制的主要目标是在超塑性变形中的任何一个阶段,任何一个单元,利用预测压力加载历史,使超塑应变速率不超过最大优化应变速率值。

本书利用 ABAQUS/Standard,通过载荷控制算法,实现上述的保证最大应变速率状态下的载荷过程。加载压力在整个模拟过程中为始终变化的物理量,以维持应变速率 $\dot{\varepsilon}$ 在预定值 $\dot{\varepsilon}_{op}$ 附近。对于 TC4 钛合金,优化应变速率 $\dot{\varepsilon}_{op}$ 约为 0.001/s。ABAQUS 中有部分功能在 CAE 模块前处理模块中不能实现,必须借助输入文件进行修改添加才可以实现复杂功能。载荷优化控制利用定义载荷变量幅值,控制蠕变应变速率得到:

* CREEP STRAIN RATE CONTROL, elset = Set-1

AMPLITUDE = AUTO

0.001

根据前面提出的优化载荷控制方法,利用 ABAQUS/Standard 对单层板结构的超塑成形过程进行有限元分析,得出一定条件下的优化载荷-时间曲线,如图 3-10 所示。从优化的载荷曲线可以看出,成形初始阶段所需的压力比较小,也比较平缓,但是在成形进行到拐角处时,板材的硬化使得所需成形压力快速上升。图 3-11 为成形完成后的厚度分布云图,板料原始厚度为 1.5mm,最薄处出现在底部拐角附近,约为 0.59mm。计算显示时间为 25min,比常规的经验时间有所减少。

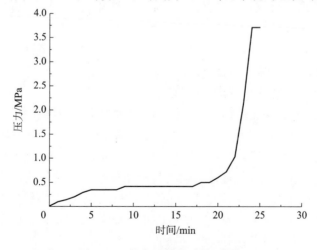

图 3-10　优化的载荷-时间曲线

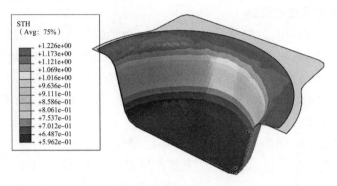

图 3-11　优化载荷下的壁厚分布

3.3　典型结构成形工艺设计

SPF/DB 工艺为零件的结构设计提供了更多自由度,设计人员根据承载、隔热、降噪等需求,可以实现局部加强、桁架支撑、立筋支撑和网格筋加强等多种形式的结构设计。对于特定的 SPF/DB 结构来说,结构几何参数的设计直接影响成形过程材料流动规律和应力应变分布,进而影响结构成形质量。同时,成形工艺参数的选择和成形模具的设计,需充分考虑整个成形工艺过程,避免各类成形缺陷的发生。

◤3.3.1　基于工艺可行性的结构参数设计

结构参数设计时,不仅需要考虑结构强度和刚度的要求,还需要满足工艺可行性的要求。零件的宽深比、圆角大小、蒙皮/芯板厚度配比、扩散连接宽度、桁架角度等结构参数均会影响零件的成形质量。基于基础研究和工程研制经验,总结了典型 SPF/DB 结构的参数设计原则。

通过设计零件宽深比,可以控制超塑成形零件的变形量。图 3-12 为相同初始板材厚度、不同宽深比结构成形过程中的壁厚减薄量情况。由图可见,随着宽深比的增加,单位板材变形量逐渐减小。当宽深比为 1 时,位置 6 圆角区壁厚减薄量为 30%。当宽深比减小为 0.5 时,位置 6 圆角区壁厚减薄量为 70%。

零件圆角大小的设计,直接影响板材超塑成形过程中的减薄情况。钛合金超塑性状态下具有较好流动性,可采用较小的圆角半径,但小圆角半径处板材减薄严重,易成为零件受力的薄弱环节。圆角半径大小的选择,与圆角在零件上的位置有关,圆角设计时,可遵循以下原则:

（1）有协调关系的圆角半径取$(2\sim3)t$,t 为板料厚度;

72

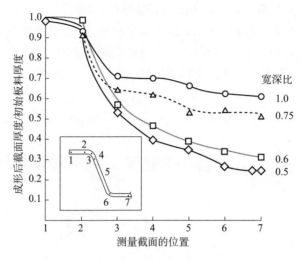

图 3-12　宽深比对零件成形后壁厚的影响

（2）无协调关系的圆角，半径应尽量放大。

蒙皮/芯板厚度配比、扩散连接宽度、桁架角度等结构参数对成形质量具有交互作用，本章以三层板结构为例，通过数值模拟的方法，分析结构参数对表面沟槽和芯板减薄的影响规律，从而确定结构参数的设计准则。三层板结构的剖面形状一般为"W"形瓦楞桁架结构，如图 3-13 所示。其中，结构设计参数有上下面板厚度 d_1、桁架厚度 d_2、扩散连接界面宽度 d_3、桁架与上下面板或桁架与桁架之间夹角 θ 等。三层板 SPF/DB 结构较两层板结构增加了瓦楞角和扩散连接宽度，几何结构参数对于成形性的影响规律更为复杂。通过对不同几何结构参数的三层板 SPF/DB 结构成形过程进行数值模拟，获得结构几何参数对三层板 SPF/DB 结构成形质量的影响规律，为结构参数优化提供参考。

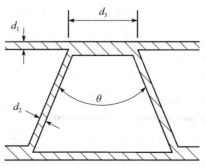

图 3-13　三层板 SPF/DB 结构剖面图

3.3.1.1 结构参数对蒙皮表面沟槽缺陷的影响

带瓦楞结构的三层板 SPF/DB 结构超塑成形后,扩散连接处蒙皮外表面容易出现沟槽缺陷,如图 3-14 所示。产生该缺陷的直接原因是成形过程中间芯板的变形抗力对扩散连接处蒙皮的反向"拉扯"作用,导致该处蒙皮贴模困难,从而产生沟槽。

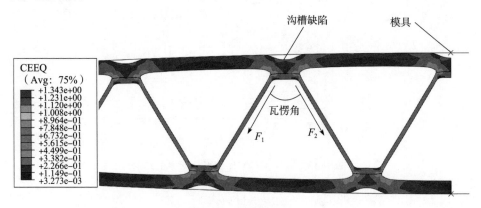

图 3-14　沟槽缺陷

1. 蒙皮/芯板厚度配比对沟槽缺陷的影响

采用最大沟槽深度作为评价指标,衡量蒙皮/芯板厚度配比对沟槽缺陷的影响。图 3-15 分别给出了 60°瓦楞角和 90°瓦楞角下的最大沟槽深度和蒙皮/芯板厚度配比之间的关系。由图可知,在蒙皮/芯板厚度配比为 1.0 时,60°和 90°瓦楞角条件下成形后均会产生较为明显的沟槽缺陷,尤其是 60°瓦楞角时沟槽缺陷更加明显。在蒙皮/芯板厚度配比大于 3 时,60°瓦楞角的最大沟槽深度小于 0.1mm,可认为沟槽缺陷基本消除,90°瓦楞角时则不会产生沟槽。所以在蒙皮/芯板厚度配比大于 3 时,三层板 SPF/DB 结构成形后基本不会出现沟槽缺陷。

从图 3-15 中还可看出,相同厚度配比、不同绝对厚度的数据点并不重合,说明蒙皮和芯板厚度对沟槽缺陷的影响并不完全取决于蒙皮/芯板的厚度配比,还与两者的绝对厚度有关。以蒙皮/芯板厚度配比为 2 为例,绝对厚度较大的蒙皮和芯板配比成形后更容易产生沟槽。

2. 扩散连接(DB)宽度对沟槽缺陷的影响

图 3-16 分别给出了 60°和 90°瓦楞角条件下,最大沟槽深度与 DB 宽度之间的关系。可以看出,在其他条件相同时,随着扩散连接宽度的增加,沟槽缺陷的深度明显下降。说明适当增加扩散连接宽度,可以减小三层板 SPF/DB 结构成形后的沟槽缺陷。

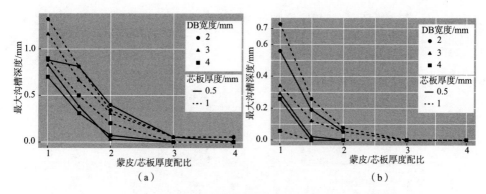

图 3-15 蒙皮/芯板厚度配比对沟槽缺陷的影响(DB:扩散连接)

(a)60°瓦楞角;(b)90°瓦楞角。

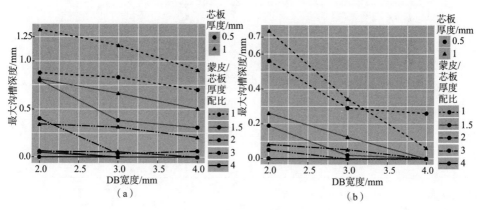

图 3-16 DB 宽度对沟槽缺陷的影响

(a)60°瓦楞角;(b)90°瓦楞角。

3. 瓦楞角对沟槽缺陷的影响

瓦楞角对三层板 SPF/DB 结构成形后的沟槽缺陷具有重要影响,尤其在蒙皮/芯板厚度配比较小易产生沟槽时,适当增加瓦楞角度对避免沟槽缺陷效果显著。图 3-17 分别给出了 60°、90°和 120°瓦楞角下的沟槽缺陷情况,可以看出,当瓦楞角大于 120°时,三层板 SPF/DB 结构成形后不会产生沟槽缺陷。对于其他易产生沟槽缺陷的情况,随着瓦楞角度的增加沟槽深度明显减小。

4. 结构参数组合优化

通过仿真给出了不同结构参数组合所对应的最大沟槽深度,如表3-2所示,可为三层板 SPF/DB 结构的设计提供一定的参考依据。在本试验中,最大沟槽深度小于 0.01mm 即认为不产生沟槽。从表 3-2 可以看出,当瓦楞角度较大(≥90°)时,宜选择蒙皮/芯板厚度配比≥2,DB 宽度≥3mm;当瓦楞角度较小

(<90°)时,宜选择蒙皮/芯板厚度配比≥3,DB 宽度≥3mm,此时不容易产生沟槽缺陷。

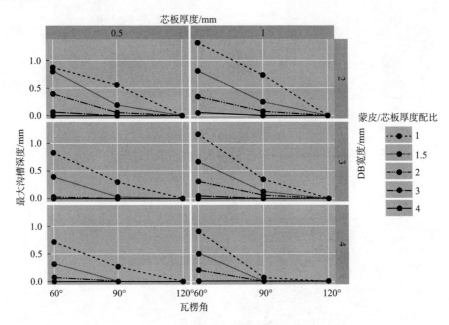

图 3-17　瓦楞角对沟槽缺陷的影响

表 3-2　不同结构参数下仿真获得的沟槽深度　　　　　单位:mm

芯板厚度/mm	瓦楞角度/(°)	蒙皮厚度/mm	筋条宽度/mm		
			2	3	4
0.5	60	0.5	0.88	0.83	0.7
		1	0.4	0.032	0.064
		1.5	0.06	0	0
		2	0.003	0	0
	90	0.5	0.56	0.29	0.26
		1	0.05	0	0
		1.5	0	0	0
		2	0	0	0
	120	0.5	0	0	0
		1	0	0	0
		1.5	0	0	0
		2	0	0	0

芯板厚度/mm	瓦楞角度/(°)	蒙皮厚度/mm	筋条宽度/mm		
			2	3	4
1	60	1	1.32	1.16	0.9
		2	0.34	0.31	0.2
		3	0.053	0.05	0.003
		4	0.052	0	0
	90	1	0.73	0.34	0.058
		2	0.079	0.05	0
		3	0	0	0
		4	0	0	0
	120	1	0	0	0
		2	0	0	0
		3	0	0	0
		4	0	0	0

3.3.1.2　结构参数对芯板局部减薄的影响

三层板 SPF/DB 结构成形后,空腔三角区的芯板存在减薄现象,尤其是靠近扩散连接处,芯板局部减薄对三层板 SPF/DB 结构的成形性能和成形后的力学性能均会产生不利影响。通过仿真对三层板 SPF/DB 结构成形后芯板的减薄状况进行预测,可以为三层板 SPF/DB 结构的设计与制造提供重要的参考。

三层板 SPF/DB 结构成形前蒙皮厚度为 1mm,芯板厚度为 0.5mm,筋条宽度为 4mm。图 3-18 给出了 60°和 75°瓦楞角条件下成形后芯板厚度值的分布规律,从图中可以看出,扩散连接处的芯板几乎不会发生减薄现象,在瓦楞角较小时扩散连接处的芯板甚至会出现增厚现象,这与成形过程中蒙皮各处贴模顺序及其对板料流动情况的影响有关;空腔三角区的芯板除局部减薄处以外的区域存在整体减薄现象,但厚度分布较为均匀,即芯板的减薄分为均匀减薄和局部减薄。

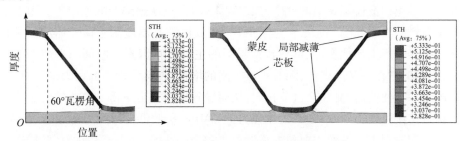

图 3-18　成形后芯板厚度分布图

图 3-19 显示了 60°、75°、90°、105°、120° 瓦楞角条件下的芯板减薄情况。由图可见,随着瓦楞角增加,芯板局部减薄现象减弱明显,瓦楞角为 60° 时,成形后芯板最薄处约为 0.24mm,而瓦楞角为 120° 时芯板最薄处约为 0.44mm。

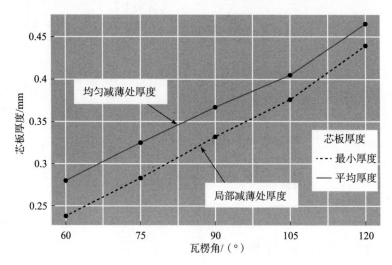

图 3-19 芯板厚度与瓦楞角的关系

3.3.2 超塑成形/扩散连接成形工艺参数选取准则

超塑成形/扩散连接成形工艺参数的选取,直接决定零件的成形性能以及成形后的微观组织和力学性能,工艺参数选取时应遵循如下原则:

(1) 选择合理扩散连接温度、压强和时间,确保较高扩散连接焊合率;

(2) 选择合理超塑温度,既降低流动应力,又抑制晶粒长大;

(3) 选择合理成形速率,既提高成形性能,又缩短高温停留时间;

(4) 选择合理润滑条件,改善零件表面质量,提高壁厚均匀性。

钛合金扩散连接的主要工艺参数包括温度、压强和时间,三者合理的工艺匹配可以避免扩散连接缺陷的产生,如宏观未焊合、点状缺陷及弱连接等。温度取决于材料的屈服强度和原子扩散行为,一般取再结晶温度附近。气体压强是扩散连接界面产生塑性变形、形成扩散界面的主要影响因素。时间与选取的温度和压力有关,在一定范围内,随着扩散时间的增长,连接强度不断增大,但扩散时间超过一定数值后,晶粒会过分长大,从而导致接头强度下降。TC4 钛合金采用的扩散连接温度为 900~930℃,压强为 1~3MPa,扩散保持时间为 1~4h。

超塑成形工艺参数主要包括成形温度和应变速率,两者互相作用、共同影响超塑成形过程。成形温度直接影响材料的流动应力,决定气体压强的大小,同时又影响晶粒尺寸的大小。应变速率决定材料的成形性能,取决于变形压力随时间的变化情况,应控制在超塑成形材料允许范围内。当成形温度较低时,所需的成形压力较高,而较高的成形压力导致成形速率较快,材料变形不均匀,易产生局部减薄,甚至破裂。

在最佳超塑成形温度条件下,通过合理控制气体压强和时间的关系曲线,可使板材在理想的应变速率下变形。以锥形件为例,建立气压加载曲线的解析算法。锥形件超塑成形过程如图 3-20 所示,分为自由胀形及贴模成形两个阶段,对其进行力学解析,以得到优化的气压加载曲线。

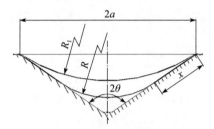

图 3-20　锥形件超塑成形过程

第一阶段为超塑自由胀形阶段,假设板料各向同性,自由变形部分壁厚均匀,自由胀形轮廓为球面。如图 3-21 所示,由内压和径向应力在轴线方向上的受力平衡条件可知:

$$\pi p (R\sin\phi)^2 = \sigma_m \sin\phi \cdot 2\pi\delta R\sin\phi \tag{3-49}$$

$$\sigma_m = \frac{pR}{2\delta} \tag{3-50}$$

式中:δ 为球壳的瞬时壁厚。成形材料为薄板,可忽略厚向应力,由于自由胀形轮廓为球面,则等效应力 σ_e、环向应力 σ_θ 和径向应力 σ_m 的关系为

$$\sigma_e = \sigma_\theta = \sigma_m \tag{3-51}$$

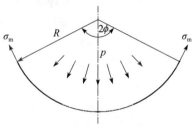

图 3-21　超塑自由胀形受力分析

由图 3-21 中几何关系可知,球壳瞬时曲率半径为

$$R = \frac{a^2 + h^2}{2h} \qquad (3-52)$$

式中:h 为球壳瞬时拱高。由体积不变条件可知,球壳的瞬时壁厚为

$$\delta = \frac{a^2 \delta_0}{a^2 + h^2} \qquad (3-53)$$

式中:δ_0 为初始壁厚。将式(3-52)、式(3-53)代入式(3-50)得

$$\sigma_e = \sigma_\theta = \sigma_m = \frac{p(a^2 + h^2)^2}{4a^2 \delta_0 h} \qquad (3-54)$$

因环向应变速率 $\dot{\varepsilon}_\theta$ 与径向应变速率 $\dot{\varepsilon}_m$ 相等,由体积不变条件的等效应变速率 $\dot{\varepsilon}_e$ 为

$$\dot{\xi}_e = 2\dot{\xi}_m = 2\dot{\xi}_\theta = -\dot{\xi}_\delta = -\frac{d\delta}{t\delta} \qquad (3-55)$$

式中:t 为时间。将式(3-53)代入式(3-55)得

$$dt = \frac{d\ln(a^2 + h^2)}{\dot{\xi}_e} \qquad (3-56)$$

当等效应变速率为最佳值时,对式(3-56)积分可得

$$t = \frac{\ln(a^2 + h^2) - \ln a^2}{\dot{\xi}_e} \qquad (3-57)$$

当球壳胀形至与模具型面相切时,第一阶段结束。此时,由几何关系可知,曲率半径 R_1 与拱高 h_1 分别为

$$R_1 = \frac{a}{\cos\theta} \qquad (3-58)$$

$$h_1 = \frac{a(1 - \sin\theta)}{\cos\theta} \qquad (3-59)$$

由式(3-53)、式(3-59)可得,此时零件壁厚 δ_1 为

$$\delta_1 = \frac{\delta_0(1 + \sin\theta)}{2} \qquad (3-60)$$

由式(3-57)、式(3-59),第一阶段结束时所用时间 t_1 为

$$t_1 = \frac{\ln \dfrac{1 + \sin\theta}{2}}{\dot{\xi}_e} \qquad (3-61)$$

超塑本构方程为

$$\sigma_e = k\dot{\xi}_e^m \qquad (3-62)$$

由式(3-50)、式(3-57)及式(3-62)可得,最佳等效应变速率条件下的气

压为

$$p = \frac{4k\delta_0 \dot{\xi}_e^m (e^{\dot{\xi}_e t} - 1)}{ae^{2\dot{\xi}_e t}} \tag{3-63}$$

第二阶段为贴模成形阶段,球壳上部逐渐贴模成形成为锥面的一部分,贴合长度 x 逐渐增加,直至最终完全贴模。

设 t 时刻,自由胀形球壳曲率半径为 R,瞬时壁厚为 δ,贴模长度为 x,由几何关系可知:

$$x = (R_1 - R)\cot\theta \tag{3-64}$$

$t+\mathrm{d}t$ 时刻,壁厚为 $\delta+\mathrm{d}\delta$,曲率半径为 $R+\mathrm{d}R$,由体积不变条件得

$$\pi[R^2\cos^2\theta + R^2(1-\sin\theta)^2]\delta$$
$$= 2\pi R\cos\theta\delta\mathrm{d}x + \pi[(R+\mathrm{d}R)^2\cos^2\theta + (R+\mathrm{d}R)^2(1-\sin\theta)^2](\delta+\mathrm{d}\delta) \tag{3-65}$$

联立式(3-64)、式(3-65)并化简得

$$\frac{\mathrm{d}\delta}{\delta} = \frac{(1-\sin\theta)}{\sin\theta}\frac{\mathrm{d}R}{R} \tag{3-66}$$

令 $\dfrac{1-\sin\theta}{\sin\theta} = \tau$,积分式(3-66)得

$$\delta = \delta_1 \left(\frac{R}{R_1}\right)^{\tau} \tag{3-67}$$

由式(3-55)、式(3-67)得

$$t = \frac{\tau}{\dot{\xi}_e}\ln\frac{R_1}{R} \tag{3-68}$$

联立式(3-50)、式(3-51)、式(3-60)、式(3-62)及式(3-67)得

$$p = k\dot{\xi}_e\delta_0(1+\sin\theta)\left(\frac{\cos\theta}{a}\right)^{\tau}R^{\tau-1} \tag{3-69}$$

由式(3-68)、式(3-69)得第二胀形阶段最佳等效应变速率条件下的气压加载曲线为

$$p = k\dot{\xi}_e\delta_0(1+\sin\theta)\left(\frac{\cos\theta}{a}\right)e^{\frac{(1-\tau)\dot{\xi}_e t}{\tau}} \tag{3-70}$$

代入材料参数及相关几何量,经过计算机数据处理即可得到锥形件最佳等效应变速率时的气压加载曲线。

3.3.3 超塑成形/扩散连接模具设计

1. 选材

超塑成形/扩散连接模具需长时间处于920℃左右的高温环境下,且面临循环升温、降温的恶劣环境,因此除了在结构上要考虑模具模腔表面光滑、尺寸准确、高温气密、足够的刚度以外,对模具材料也有特殊的要求。

1)高温力学性能和抗蠕变性能

超塑成形工艺采用气压成形,通常气压为1~3MPa。气压成形要求模具密封,一般采用凸梗密封,凸梗在升温过程中,在压力机的作用下逐渐嵌入板料,形成气体密封带。在这个过程中,由于凸梗以局部变形的方式作用于板料,要求模具材料具有好的红硬性和抗蠕变性。

2)抗氧化性能

超塑成形模具必须具有良好的抗氧化性,在模具表面生成致密的氧化膜,以保护内层金属不再继续氧化,保持模腔原有的尺寸和形状。一般要求高温下氧化增重速度小于$0.3g/(m^2 \cdot h)$。

3)急冷急热性能

超塑成形工艺在高温下进行,取零件、放毛料时模具表面温度急剧下降,使模具内外产生温差,引起热应力,容易造成模具变形甚至开裂,因此要求模具材料的急冷急热性能良好。材料的导热系数越高,模具内外温差就越小,热应力也越小。

4)热稳定性能

超塑成形模具在高温下应具有好的尺寸稳定性能,膨胀系数最好与钛合金相接近,且模具材料对钛合金零件不产生污染。

5)铸造和机械加工性能及可焊性

超塑成形模具一般采用铸钢件,为保证模具质量,最好采用真空浇铸。超塑成形模具型腔复杂,尺寸精度较高,需通过机械加工来保证。但机械加工性能和耐热性能正好是相矛盾的,耐热性能越好,机械加工性能越差,因此在选用时必须两者兼顾。模具上要安装气管,以便抽真空和充氩气。在高温下,常规的螺纹密封难以奏效,一般采用焊接方法连接气管和模具,这就要求模具材料具有可焊性。

6)材料供应和价格

考虑到生产成本和生产周期,最好采用批量生产的材料,其质量稳定,成本较低。

国内常见模具材料有以下几类,耐酸不锈钢(1Cr18Ni9Ti)、镍铬高温合金(K11和GH140)、高温耐热钢(R45和Ni7N)。对这几种材料的力学性能进行对比分析,见表3-3。可以看出1Cr18Ni9Ti,高温性能不好,只能做试验模具,短期使用,其余4种材料高温性能均能满足要求。从成本考虑,K11和GH140为镍铬高温合金,镍占40%左右,价格昂贵,且其高温强度很高,远超出对钛板超塑成形的要求,而R45和Ni7N价格相对较低。从抗氧化性能分析,R45氧化增重速度在900℃为0.08g/(m² · h),在1000℃为2.4g/(m² · h),Ni7N平均氧化增重速度在1100℃时小于等于0.3g/(m² · h)(150h内)。综合分析后,选用Ni7N即ZG35Cr24Ni7SiN作为SPF/DB模具的材料。

表3-3　模具材料力学性能对比

材料名称	常温			高温			高温持久性能
	抗拉强度 σ_b/MPa	伸长率 δ/%	断面收缩率 Ψ/%	抗拉强度 σ_b/MPa	伸长率 δ/%	断面收缩率 Ψ/%	断裂时间/h
Ni7N	770~820	20~40	16~40	53~88 (1000℃)	58 (1000℃)	29	259 (温度1000℃、加载应力 $\sigma=30MPa$)
R45	740	13.6	14	163 (1000℃)	—	—	30 (温度900℃、加载应力 $\sigma=50MPa$)
GH140	630	50	—	78	58 (1000℃)	—	—
K11	450	5~12	6	300 (800℃)	6~12 (800℃)	29	200 (温度800℃、加载应力 $\sigma=120MPa$)
1Cr18Ni9Ti	550	40	60	180(800℃)	—	—	—

2. 结构设计

SPF/DB模具分为整体模具和组合式模具,小型或形状简单的构件,采用整体模具,复杂构件采用组合式模具。模具设计时,首先应正确选择分模面,使模具结构简单,且超塑成形后取件方便。应尽量减少模具的重量,提高升降温的速度,同时尽量使模具各处质量均匀,减少热变形。

模具设计时,需结合SPF/DB工艺的特点,充分考虑模具的各个结构要素。下面以壁板类构件为例,介绍SPF/DB模具设计时的关键要素。

1) 型面

在高温成形过程中,由于板料和成形模具在相同温度下具有不同的线膨胀系数,如果模具形面与零件外形相同,将导致成形后零件的实际尺寸和理论值存在偏差。为了消除这种尺寸偏差,模具设计时应根据膨胀系数差进行模具尺寸的修正与补偿。模具设计尺寸可由下式确定：

$$\begin{cases} L_{gj} = L_{cj}(1+\alpha_j \cdot \Delta t) \\ L_{gm} = L_{cm}(1+\alpha_m \cdot \Delta t) \\ L_{cm} = L_{cj}(1+\alpha j \cdot \Delta t)/(1+\alpha m \cdot \Delta t) \end{cases}$$

式中：L_{cm} 为常温时模具的名义尺寸(mm)；L_{cj} 为常温时零件的名义尺寸(mm)；L_{gm} 为成形温度时模具的尺寸(mm)；L_{gj} 为成形温度时零件的尺寸(mm)；α_m 为在成形温度时模具的热膨胀系数($℃^{-1}$)；α_j 为在成形温度时零件的热膨胀系数($℃^{-1}$)；Δt 为成形温度和常温的温差。

上式中，$\alpha_j \cdot \Delta t$ 和 $\alpha_m \cdot \Delta t$ 分别是零件和模具在成形温度时的相对伸长率，令 $D = \alpha_j \cdot \Delta t - \alpha_m \cdot \Delta t \approx \alpha_j \cdot t - \alpha_m \cdot t$，$D$ 称为缩放系数，作为温度的函数，是热态模具设计时首先确定的参数。对于目前常用的金属模具材料，采用的缩放系数 D 在 0.004~0.008 之间。一般情况下，钛及钛合金的膨胀系数为 $(8 \sim 10) \times 10^{-6}℃^{-1}$，不锈钢等耐热金属材料的膨胀系数为 $(15 \sim 20) \times 10^{-6}℃^{-1}$，陶瓷材料为 $(3 \sim 7) \times 10^{-6}℃^{-1}$。TC4、Ni7N、1Cr18Ni9Ti 几种材料在不同温度下的膨胀系数如图 3-22 所示。假设零件在某一温度下成形时，满足零件和模具型腔完全贴合，即 $L_{gj} = L_{gm}$，经过上述分析及计算，确定模具外形。

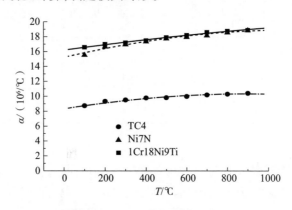

图 3-22　几种材料的膨胀系数 α

在模具设计中单凭缩放系数很难给出精确的补偿量，留出一定量的工艺余边还可以消除由此造成的外形尺寸偏差。另外对于凹模成形还必须考虑脱模温度，因为不锈钢模材的膨胀系数比钛合金大，如果脱模温度过低，因模具降温时的收缩量大，会导致零件被卡在凹模内，并导致零件的变形和内部芯格的畸变。对于型腔较深的大尺寸凹模模具应考虑选择膨胀系数较小的模具材料，凸模成形则相反。

2）厚度

在设计模具铸件过程中,除了要满足基本工艺需要,还应考虑模具刚性和减重的要求。重量大的模具不仅会为生产带来诸多不便和难度,也会增加铸造、加工的难度以及增加成本,因此模具铸件需设计减重孔。考虑到模具型面为弧形,大尺寸铸件更容易因变厚度而产生各种铸造缺陷,因此按保持成形型面厚度均匀的原则设计减重孔,如图 3-23 所示,从而尽量使成形面受热、受力均匀,延长模具的使用寿命。另外,从工艺性方面合理布局减重孔,使其既达到减重的目的,又具有足够的强度。此外,应结合设备平台受力情况,避免减重孔的加强筋压在平台对缝的位置,防止压坏平台。

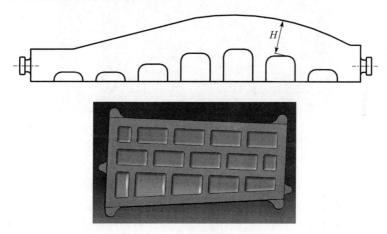

图 3-23 模具减重孔示意图

3）密封

密封梗的作用是在高温环境下实现模腔气体密封,需能够补偿加热平台和模具上下表面的不平行度。常采用凸梗对平面的密封梗形式,可降低上下模定位时的对中要求。密封梗应设计在零件有效区以外,其界面形式常为矩形或梯形,高度一般 ≤1.5mm,且比板料总厚度至少小 0.3mm,宽度一般 ≤2mm。为了进一步提高密封效果,可采用多凸梗或凸梗对凹槽的设计方案。

4）进排气

对于单层板结构,进排气设计时,在模具底部或侧底部钻孔并焊上气管即可。其中,排气孔应设计在板料最后贴模区,通常位于模具的底角处。排气孔与型面相接触直径应尽量小一些,一般为 1.5~2mm,排气孔过大时材料易在排气孔处破裂。需要设置多个排气孔时可采用外加底板的方法,使气体从底板边缘缝隙处排到一个较大的排气孔中。在多层板结构 SPF/DB 工艺中,往往将板料毛坯封焊成口袋,并在口袋边缘焊接气管。

5）吊装

模具在不同设备上使用时,所需吊装不同,对模具外形要求也不同,因此在设计模具时,应充分考虑设备条件。如图3-24所示的吊装,采用铸造圆柱状吊耳,每个模具共有4个,左右对称各2个,吊耳与模具本体大圆角光滑过渡。因模具重量大,吊耳应具有足够的强度。吊耳外端直径变大,以保证使用其吊装时,绳索不会滑脱。

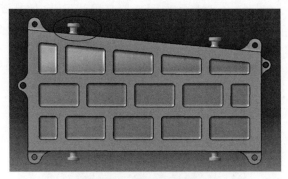

图3-24　模具吊装设置

6）定位

确定模具与板料的定位关系是模具设计的另一个关键点,定位的好坏决定了外形尺寸位置精度。通常可以采用定位块或定位销定位。如图3-25所示的模具采用定位销定位,沿模具纵向边的4个凸耳为模具间的定位装置,使用4个中任意2个定位孔进行模具定位。沿模具横向边的2个凸耳为模具与板料间的定位装置,凸耳位于所在平面弧线的峰值处,扩散模具与超塑成形模具的定位点保持一致,从而保证定位的有效传递性。另外,在模具上设计定位用的凹坑,用于划线、切割等基准的定位。

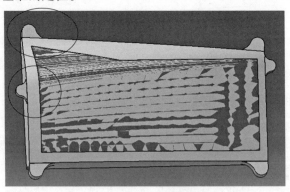

图3-25　模具定位装置示意

7）测温孔

测温孔的作用是放置热电偶以实时监控模具的温度。大型模具热电偶孔应多于加热区数,位置应靠近模具型面,接近超塑成形的板料。测温孔的深度应大于5倍孔径,以减少炉内热空气的影响。

3.4　超塑成形/扩散连接工艺质量控制技术

钛合金SPF/DB工艺过程影响因素多,容易产生各种质量缺陷。表3-4列出了SPF/DB结构件常见的成形缺陷和控制方法。

表3-4　钛合金SPF/DB结构常见的缺陷形式和控制方法

序号	缺陷形式	具体描述	控制要点
1	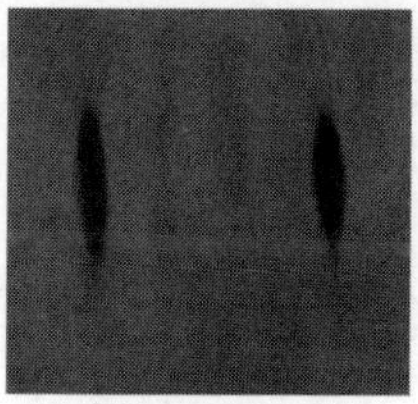 表面沟槽	结构件扩散连接和超塑成形的连接处产生沟槽,蒙皮表面不完整	采取调整止焊剂图形位置、板料厚度比、瓦楞角度、板料与模具间摩擦系数等方法
2	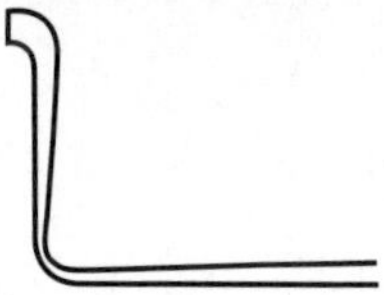 壁厚减薄	结构件各处壁厚变薄存在差异,特别是形状较复杂的结构,壁厚差异更为明显	利用预变形等方法,控制气压-时间曲线,使材料在接近最佳应变速率条件下变形
3	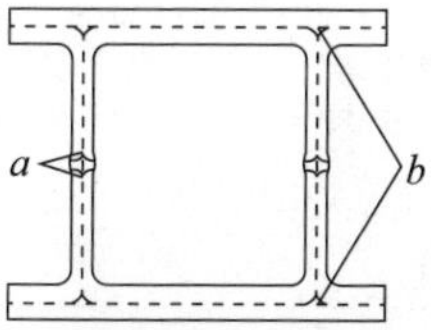 三角区	四层板结构成形后,在a、b处产生三角区	在最佳条件下变形(包括温度和应变速率),适当增大压强,延长保压时间
4	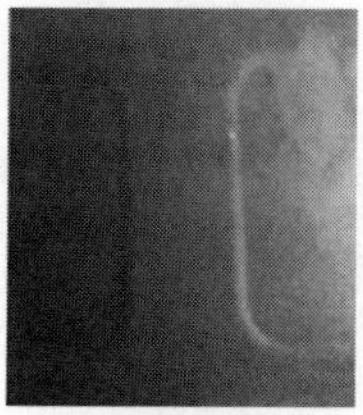 表面阶差	两层板结构件易在外蒙皮表面产生阶差,尤其是大尺度复杂结构件,阶差缺陷更易发生	提高板料加工精度和凸凹模配合精度,保证机床压力大于气体压力,使上下模具在成形过程中紧贴

续表

序号	缺陷形式	具体描述	控制要点
5	未焊合	扩散连接的界面出现虚焊或焊合率低的现象	提高扩散连接温度、压强、时间和真空度,改善板料表面状态
6	筋格不完整	多层板结构的内部出现缺筋或断筋的现象	制备止焊剂图形时保护扩散区表面不受污染,提高扩散连接温度,延长扩散连接时间,增大气体压强
7	晶粒粗大	钛合金原始细晶等轴组织转变为粗大的魏氏体组织	一方面,合理布局加热区域、合理选择升温参数,保证合适的升温速度和较高的温度均匀性;另一方面,采用多点测温的方法,实现对零件成形温度的真实监控,避免组织长大
8	微细裂纹	表面存在微细裂纹,一般存在于零件的圆角处或氧化严重区域	在进行 SPF/DB 工艺前,去除表面氧化层;SPF/DB 工艺过程尤其出炉取件过程中通过氩气保护,降低零件外表面的氧化程度
9	表面凹坑	零件表面形成凹坑	在毛坯装模之前,使用高压气吹净模具表面,先吹上模具,后吹下模具,注意防止将炉壁上的氧化皮或其他杂质吹落至模具型面

下面选取几种典型的成形缺陷,深入分析成形缺陷的存在状态和形成机理,并通过工艺改进消除成形缺陷,控制 SPF/DB 零件的尺寸、形状精度和力学性能。

3.4.1 壁厚均匀性

板料在超塑自由胀形过程中,变形区除球壳顶点为双向等拉状态外,其余部分并非等拉应力状态,不均匀的应力状态造成不均匀的厚度分布。此外,在常用的模具约束胀形中,材料与模具型面发生摩擦,而变形主要集中在未接触区域,摩擦加重了成形零件的厚度不均匀性。成形零件的壁厚均匀性控制是超塑成形工艺的关键技术。超塑成形零件壁厚均匀化控制的方法通常有可动阳模法、增加静水压力法、预成形法、正反向胀形法等,这里重点介绍预成形法和正反向胀形法。

1. 预成形法

预成形法指的是采用旋压、热压耦合等方式进行板料的初步成形,改善其壁厚分布,使得超塑成形后零件壁厚分布满足要求。以半径为 190mm 的半球形零件为例(图 3-26),采用旋压成形方式对半球形零件的侧壁进行预先减薄,零件底部保留原始板料的厚度,使用该预成形板坯进行超塑成形。

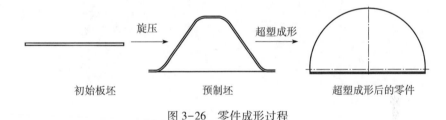

图 3-26 零件成形过程

预成形法能够有效控制钛合金单层结构的壁厚均匀性,方法简单有效,便于生产和推广。图 3-27 显示了采用预成形法制造半球外形零件的过程模拟,因为该零件厚度分布不均(1.2~5mm),所以预成形坯零件的厚度分布也是非均匀的:其中入口圆角区域和顶部区域较厚,为 3~5mm,侧壁区域较薄,为 2.9~3.5mm。成形过程侧壁区域的材料首先与模具贴合,使得在贴合区与模具入口圆角部位形成封闭的空腔,导致区域材料的流动受阻,易形成褶皱等缺陷。

图 3-28 显示 4 种尺寸预制坯的超塑成形过程以及成形终了时零件的壁厚分布。预制坯设计为非均匀的厚度分布,其中入口圆角区域和顶部区域较厚,为 3~5mm,侧壁区域较薄,为 2.9~3.5mm。2 号和 4 号预制坯成形过程侧壁区域的材料首先与模具贴合,使得在贴合区与模具入口圆角部位形成封闭的空腔,导致区域材料的流动受阻,易形成褶皱等缺陷。

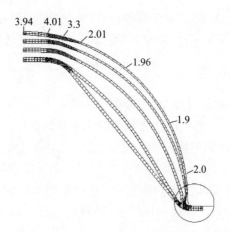

图 3-27　采用预成形法制造半球零件的过程模拟

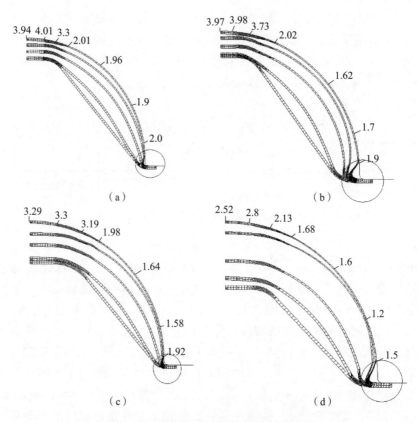

(a)

(b)

(c)

(d)

图 3-28　不同尺寸预制坯超塑成形过程

(a)1 号件成形过程;(b)2 号件成形过程;(c)3 号件成形过程;(d)4 号件成形过程。

2. 正反向胀形法

反模预成形法是控制壁厚分布比较常用的方法之一,以半球件为例,通过有限元模拟的方法,分析反吹型面各参数对零件壁厚分布的影响规律,并通过正交试验法实现反吹模具型面优化设计。

如图 3-29 所示的反吹型面,含有倒角,高度 H、宽度 L、三角形两条边的倾角 α 和 β 等约束参数。β 可由 H、L 和 α 的尺寸确定,所以反吹型面的倾角 α、宽度 L 和高度 H 为 3 个主要参数,3 个倒角为次要参数。

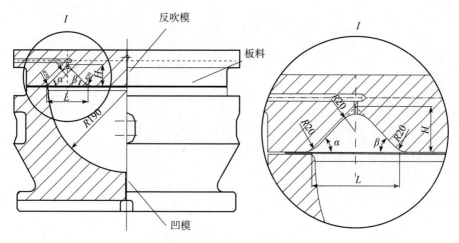

图 3-29　半球超塑成形模具

利用正交试验法分析各参数对壁厚分布的影响规律,倾角 α、宽度 L 和高度 H 分别给定 4 个数值,见表 3-5。

表 3-5　因子水平表

因子	水平
α	30°、45°、60°、90°
L	90mm、110mm、140mm、170mm
H	40mm、50mm、80mm、100mm

使用建立的有限元模型,根据正交试验法给定的数值,分析各参数对壁厚分布的影响规律。图 3-30(a)为角度 α、宽度 L 和高度 H 的离差分布图,说明高度 H 对壁厚分布影响最大,宽度 L 次之,角度 α 影响最小。图 3-30(b)、图 3-30(c)、图 3-30(d)分别显示了不同角度、宽度和高度时零件的壁厚分布。正向加压板料吹塑成形过程中壁厚成单调递减趋势,采用反向吹胀成形之后,壁厚分布得到

明显改善。不同角度对零件壁厚减薄区域影响不同,角度越大,最薄的位置越靠赤道附近;当 $\alpha=45°$ 时,壁厚分布范围更窄,壁厚更加均匀。不同宽度同样影响零件壁厚减薄的区域,宽度越大,最薄的位置越靠近球底;从整体看,$L=140$mm 时壁厚分布相对更均匀。不同高度对零件壁厚减薄的位置影响不大,但对壁厚减薄量影响较大,高度越大,最薄壁厚越小。从整体看,$H=40$mm 时壁厚分布相对更均匀。通过上述分析,得到预变形型面优化设计的结构参数为:$\alpha=45°$、$L=140$mm 和 $H=40$mm。

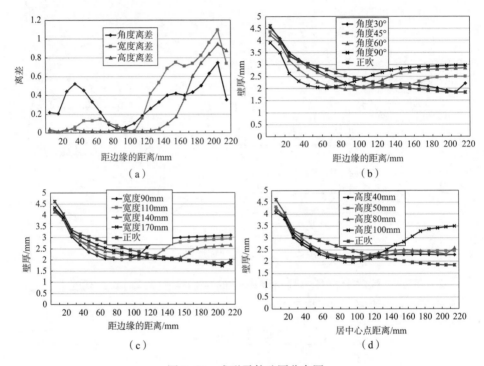

图 3-30　成形零件壁厚分布图

(a)α、L 和 H 的离差分布图;(b)不同角度的壁厚分布;
(c)不同宽度的壁厚分布图;(d)不同高度的壁厚分布。

根据上述模拟结果,设计钛合金半球形壳体模具,进行超塑成形试验。根据零件的结构特点,成形温度范围选取为 890~895℃,通过模拟计算和试验修正获得半球壳体成形的压力-时间曲线,如图 3-31 所示。

超塑成形的零件如图 3-32(a)所示,其实际厚度分布与理论厚度如图 3-32(b)所示,其中 A 为设计要求壁厚,B 为目标壁厚,C 为实际零件壁厚。1 位置壁厚略低于工艺要求,是反向预变形的最大处。对比分析可知,实际半球零件的球面壁厚分布与工艺要求基本相符,壁厚偏差小于 0.3mm,顶部厚度比工艺要求厚 1mm 左右。

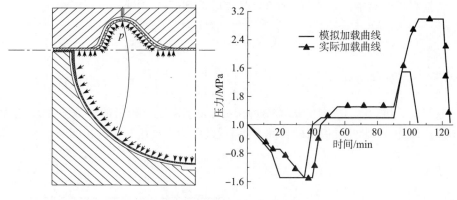

图 3-31　超塑成形加载曲线

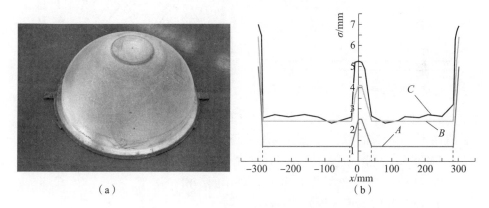

（a）　　　　　　　　　　　　（b）

图 3-32　半球壳体成形零件和厚度分布图
（a）超塑成形的半球壳体；（b）1 位置厚度对比分析。

▨3.4.2　表面褶皱

　　蒙皮表面褶皱是 SPF/DB 零件的常见缺陷，影响因素多，与结构参数、成形工艺参数和材料力学性能密切相关。

　　以四层板结构为例，成形过程中，两内层板之间、内层与外层之间都要进行扩散连接，由于 SPF/DB 结构的特殊性，在两内层板扩散连接处和内层板与外层板扩散连接处等区域形成三角区（如图 3-33 中 a、b 所示）。内层进行超塑成形时，逐渐向外层靠近，当内层与外层接触的压力和时间累计达到一定值时，内、外层之间产生了一定的扩散连接。内层板超塑成形过程中，三角空区随着变形过程而逐渐减小，理论分析和试验结果均表明，内、外层之间的三角空区处的摩擦作用，是四层 SPF/DB 构件的表面皱褶的主要原因之一。

板材表面皱褶的形成(图3-34)具有以下判据:

$$(f_2-f_1) \geqslant \frac{\sigma_c+\sigma_s}{p}$$

式中:σ_c 为外层板材失稳的临界应力,$\sigma_c = \frac{\pi^2}{12}E_r\left(\frac{t}{L}\right)^2$,其中 t 为板料的厚度,L 为板料的长度,E_r 为板料的折减模量;σ_s 为超塑温度下板材的屈服应力;p 为超塑成形压力;f_1 为外层板与模具间摩擦系数;f_2 为内层板与外层板间摩擦系数。

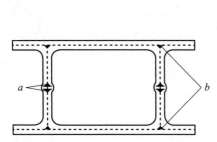

图3-33 四层板结构三角区所处位置图　　图3-34 成形过程受力示意图

通过对上式中各参数分析认为,f_1 只有在大于 f_2 时,外层板才能不发生失稳,进而不产生表面皱褶。为此应采取以下措施来进行影响和控制:

(1) 增大 f_1:排气通畅、模腔抽真空、模具粗糙;

(2) 降低 f_2:预留外层背压、增加内外层间润滑;

(3) 降低超塑成形气压 p。

另外 σ_s、σ_c 与材料性能、晶粒尺寸、板料瞬时几何形状和变形温度均有关系,通过提高应变速率可以增大 σ_s,也有助于防止表面皱褶的产生。

此外,无论是单向还是十字交叉桁架结构,均在褶皱位置发生内层板中性层偏移现象,褶皱出现的一侧均为中性层(扩散连接界面)与外蒙皮接近的一侧。模具各区域温度不均、进排气不畅以及大型构件的重力蠕变等原因导致中性层两侧内层板成形速率不一致,与外蒙皮先接触的一侧发生内外层板贴合、内层板贴模并与外蒙皮扩散连接形成整体;而中性层另一侧的内层板成形仍在继续,形成的拉伸应力通过扩散连接接头带动已扩散连接区域的内层板和外蒙皮整体运动,贴模区外蒙皮与模具之间的正压力降低,摩擦力降低,蒙皮出现失稳褶皱现象;相反,成形一侧的内层板逐渐贴模,内层板与外蒙皮之间的压缩三角区腔体体积减小,局部压强增大,外蒙皮与模具之间摩擦力增加,有助于消除表面褶皱现象出现,如图3-35所示。

采用数值模拟的方法分析四层板结构中性层偏移情况下褶皱产生的过程和

原因,如图 3-36 和图 3-37 所示。理想条件下,四层板结构的成形过程如图 3-36

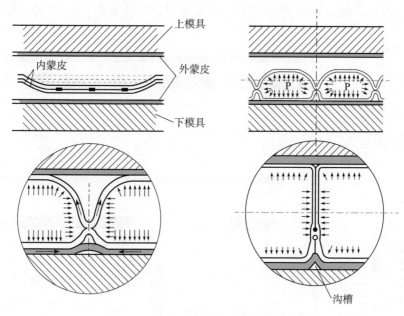

图 3-35　中性层偏移引起褶皱形成的过程

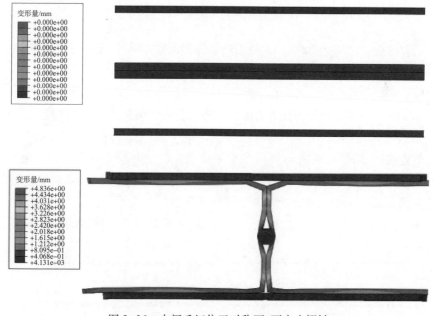

图 3-36　中间毛坯位于对称面,不产生褶皱

所示,内蒙皮在均布气压载荷的作用下位于外侧蒙皮的对称中心处,成形过程中,内蒙皮成形接近镜像变形,随后与外蒙皮扩散连接成为一体,零件表面无褶皱产生。

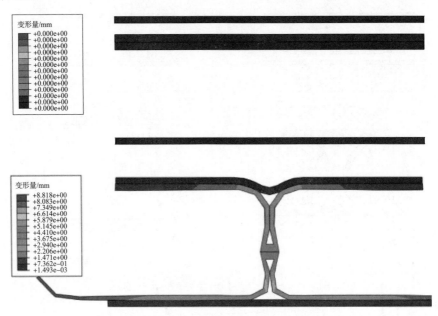

图 3-37　中间毛坯偏离对称面未与外蒙皮发生接触

成形过程中,当内层板在一定范围内偏离理论位置时,只要未与外蒙皮发生扩散连接,扩散连接接头在成形气压作用下仍可移动到外层毛坯的几何中心位置;如果内层板初始位置严重偏离中心层面,且内蒙皮与外蒙皮发生异常扩散连接,与内层板先接触一侧的外侧毛坯将受到法向力的牵引产生褶皱,如图 3-37 所示。

如图 3-38 所示,当中间毛坯初始的偏移距离加大,与外侧毛坯相接触并发生扩散连接时,内层板在内部载荷作用下拉动一侧的外层毛坯向外侧毛坯的法线方向移动,在随后的成形过程中外侧毛坯与内侧进一步接触,使蒙皮变形,变形后期内蒙皮对外侧毛坯产生挤压作用,最终零件表面形成严重的褶皱。由于内层板与蒙皮接触,板料变形抗力大,因此最终桁架向产生褶皱的一侧偏移,从而形成明显的褶皱。

图 3-38　中间层毛坯与蒙皮发生异常扩散连接,产生严重褶皱

因此,控制中性层两侧内层板的成形速率是抑制褶皱形成的关键。对于大型构件而言,控制内层板成形速率的主要措施有:

(1) 缩短板料高温驻留时间,减小重力蠕变现象的影响;

(2) 内外层之间施加背压,提高蒙皮与模具之间的正压力和摩擦力,避免外蒙皮失稳变形;

(3) 保证气路通畅,优化压力-时间曲线,在可成形范围内尽量提升变形速率。

对于网格密度大,尺寸较小的小型构件而言,主要措施有:

(1) 结构设计尽量保证网格尺寸分布均匀;

(2) 保证进排气气路通畅,小尺寸网格在较低压力下,实现均匀稳定成形,在允许范围内尽量提高内外蒙皮成形速率;

(3) 采用背压法成形。

如图 3-39 所示为采用背压法成形四层板结构的压强-时间关系曲线。采用背压法成形,能够有效改善变形过程中外蒙皮失稳的问题,同时使内层板的成形速率更加均匀稳定,明显抑制了表面褶皱现象。

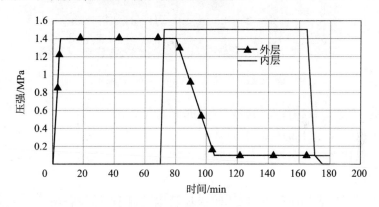

图 3-39　背压法成形四层板结构的压强-时间曲线

▲3.4.3　局部破裂

相比于 SPF/DB 单向桁架结构,四层板十字桁架结构成形更加困难。单向桁架结构气体由进气口通入后,经过通道到达各个型腔成形中层板,进排气气路的通畅性容易保障;而十字交叉桁架结构各网格相对独立,网格之间由通气孔实现连通,只有当网格周围的其他网格胀开后,立筋处形成进气通路,气流才能冲入临近网格实现成形。相邻网格成形时气流存在随机性,控制难度大。

图 3-40 显示了几种典型四层板结构在成形过程中内蒙皮出现破裂的现象。

原因如下：

（1）网格尺寸不均，局部区域变形量大，圆角处壁厚减薄严重。

（2）成形过程中进气气流不畅，导致小面积网格在较大气压作用下快速成形，产生应变硬化导致破裂；钛合金板材对应变速率十分敏感，如果出现进气不畅的情况，局部应变速率增加，网格成形脱离超塑成形区域直接进入高应变速率成形区。随着应变速率的增加，材料伸长率大幅度降低，导致局部变形量大的区域特别是圆角区出现破裂现象。

（3）内埋实体边框区域内层板在外翻过程中，棱边拉裂。

图 3-40　十字桁架结构局部破裂现象

因此，十字桁架构件在结构设计及成形过程中应注意：

（1）桁架尺寸分布尽量均匀；

（2）保证进气气路设计通畅，避免工艺实施阶段因参数设计不合理导致气路不畅等问题；

（3）采用分级加压制度，低压阶段控制应变速率，保障各网格均匀成形，气路通畅；高压阶段尽量提高应变速率，缩短成形时间；

（4）施加"静水压力"，利用反向压差法成形，进一步提升变形过程中的壁厚均匀性和稳定性。

3.4.4　冷却变形

对于 TC4 钛合金，超塑成形的温度一般为 900℃ 以上，如果采用高温出炉的方式，除了要防止零件氧化，还需要防止快速冷却引起的零件变形。尤其对于复杂型面的薄壁空心结构，掌握冷却变形规律是获得高精度零件的关键。以三层板薄壁空心结构为实例，分析其冷却过程中的变形规律和控制方法。

基于经典传热理论,建立空心结构冷却过程的传热模型如图3-41所示。冷却机理分为对流、辐射和热传导,空心结构与空气之间通过对流和热辐射进行换热,空心结构内部主要通过热传导使热量由高温区向低温区传递。

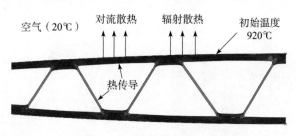

图 3-41 三层板结构冷却传热模型

图 3-42 为 920℃ 超塑成形后的三层板空心结构,在 20℃ 的室温下空冷 30min 过程中,温度随时间的变化情况。由图可见,空冷开始后薄区迅速冷却,空心结构各个区域温度存在明显差异,由空腔根部厚区到空腔薄区、再到空腔边缘温度逐渐降低。室温冷却 1min 时,空腔根部厚区最高温度为 656℃,空腔边缘最低温度为 367℃。

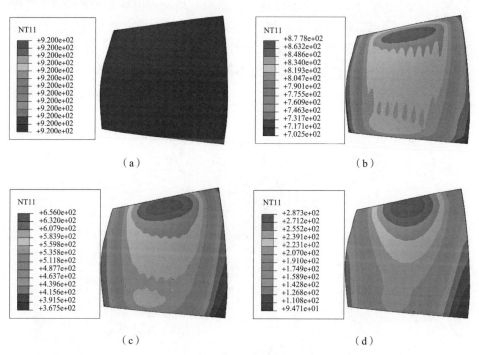

图 3-42 冷却过程空心结构温度变化
(a)$t=0s$;(b)$t=10s$;(c)$t=1min$;(d)$t=5min$。

图 3-43 为空心结构冷却至 20℃（室温）后的残余应力及最大应变分布图。由图可见，空心结构冷却后残余应力较小，大部分区域的残余应力小于 20MPa；空心结构冷却后的最大应变为负值，冷却应变介于 0.88%～1.1% 之间，各位置应变分布不均匀。

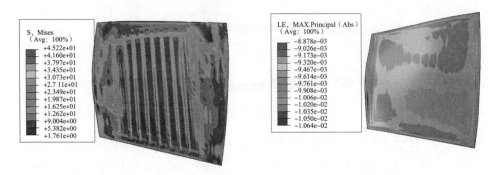

图 3-43 空心结构冷却后残余应力及最大应变分布图

基于上述空心结构变形原因的分析和试验测定，以降低温度梯度为出发点，采用保温箱存放出炉的空心结构以降低与环境冷却温度梯度的方式，完成了缓冷空心结构变形测定试验。如图 3-44 所示，空心结构最大变形由中部凸起 0.4～0.8mm 减小到 0.2mm 以内，验证了该方案的有效性。对成形后的空心结构进行三坐标外形测量，型面轮廓精度为 -0.169～0.078mm，达到指标要求。

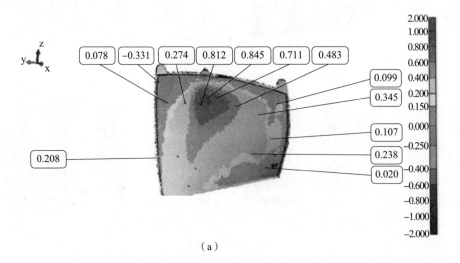

（a）

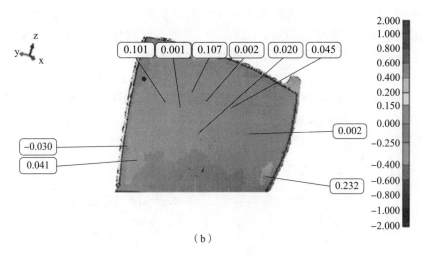

图 3-44 不同冷却条件下的空心结构冷却变形特点
(a)空气冷却;(b)缓冷条件。

▲3.4.5 表面阶差

大型两层曲面 SPF/DB 结构件的外蒙皮表面容易产生阶差(图 3-45),直接影响成形后零件的表面质量。尤其是尺寸大、外形曲率变化大的零件,更容易产生阶差。

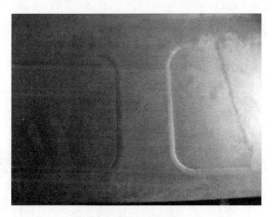

图 3-45 蒙皮表面的阶差

阶差是由于上、下模具在板材高温成形过程中实际间隙大于设计值,导致变形区板料变形高度增加,从而与非变形区板料产生阶差,造成这一问题的原因如图 3-46 所示:

（1）模具存在配合误差。尤其对于复杂双曲率外形的模具型面,模具的加工精度难以保证,导致模具研合不到位,上、下模具间隙与设计值存在偏差。

（2）板材加工精度低。尤其对于大尺寸零件,易出现板材加工精度偏低的现象,板材上的局部高点导致上、下模具实际间隙大于设计间隙。

（3）气压加载曲线不合理。在成形过程中,当气压作用于板材和上模具的力大于机床压力和上模具重力之和时,会造成上、下模具分离,从而引起上、下模具间隙增大。

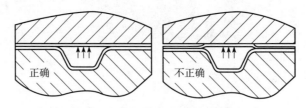

图 3-46　阶差产生的原理示意图

为避免表面阶差的问题,一方面需要提高板料的加工精度,另一方面应当合理设计气压-床压-时间曲线,并在成形过程中严格控制设备参数。在此基础上,通过上、下模具研合匹配,可有效消除表面阶差的缺陷。对于尺寸较大的模具,需要研合修配的面积较大,若仅采用手工方式研合全部配合面存在难度,可采用精加工和手工研磨相结合的方法,手工研磨区域为如图 3-47 所示的黑实体带状区域。对成形后的零件进行检验,经过一次修模后,零件阶差最大值由修模前的 0.8mm 降至修模后的 0.3mm,改善效果明显。

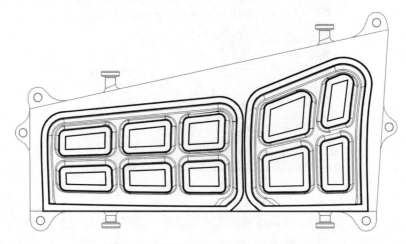

图 3-47　模具主要手工研磨区域示意图

参考文献

[1] 崔元杰. TC4 多层结构超塑成形/扩散连接工艺数值模拟与试验研究[D]. 南京:南京航空航天大学,2011.

[2] 管志平. 超塑性拉伸变形定量力学解析[D]. 长春:吉林大学,2008.

[3] 宁慧燕. 细晶镁合金薄板超塑气胀成形有限元模拟与分析[D]. 哈尔滨:哈尔滨理工大学,2008.

[4] 陈昌平. AZ31 镁合金心形件超塑气胀成形数值模拟与实验研究[D]. 哈尔滨:哈尔滨理工大学,2009.

[5] 吴诗淳. 金属超塑性变形理论[M]. 北京:国防工业出版社,1997.

[6] 赵健. 典型加载路径的超塑性自由胀形数值模拟研究[D]. 长春:吉林大学,2014.

[7] 陈建维. TC4 钛合金深筒形件的超塑成形及精度控制[D]. 哈尔滨:哈尔滨工业大学,2007.

[8] 赵毅. 基于优化载荷控制的钛合金多层板 SPF-DB 数值模拟研究[D]. 西安:西北工业大学,2007.

[9] 李志强,郭和平. 超塑成形/扩散连接技术的应用与发展现状[J]. 航空制造技术,2004(11):50-52.

[10] 赵冰,李志强,侯红亮,等. 金属三维点阵结构制备技术研究进展[J]. 稀有金属材料与工程,2015(6):83-96.

[11] 赵冰,李志强,侯红亮,等. 钛合金三维点阵结构制备工艺与压缩性能研究[J]. 稀有金属,2017,41(3):258-266.

[12] LI Z Q,ZHAO B,SHAO J,et al. Deformation behavior and mechanical properties of periodic topological Ti structures fabricated by superplastic forming/diffusion bonding[J]. International Journal of Lightweight Materials and Manufacture 2019(2):1-30.

[13] 韩晓宁,邵杰,白雪飘,等. SPF/DB 三层筒形回转结构设计与承载分析研究[J]. 航空制造技术,2013(16):69-71.

[14] 曹运红,等. 钛合金成形工艺在飞机导弹上的应用研究[J]. 飞航导弹,2002(7a):50-60.

[15] 杨钦鑫,童权权,何泽洲. 钛合金二层板结构超塑成形/扩散连接试验研究[J]. 稀有金属,2017,41(12):1305-1310.

[16] 张学学. TC4 多层板超塑成形/扩散连接试验研究[D]. 南京:南京航空航天大学,2012.

[17] ALABORT E,PUTMAN D,REED R C. Superplasticity in Ti-6Al-4V:Characterisation,modelling and applications[J]. Acta Materialia,2015,95:428-442.

[18] 刘胜京,雷海龙,陈福龙. 超塑成形/扩散连接四层夹层结构鼓包机理分析[J]. 锻压技术,2014,39(8):30-36.

[19] 杜立华,张兴振,韩晓宁,等. 几何参数对 SPF/DB 三层结构表面质量的影响研究[J]. 航空制造技术,2018,61(10):100-103.

[20] 刘胜京,张军,雷海龙,等. TC4 钛合金锥形件叠层超塑成形工艺研究[J]. 热加工工艺,2014,43(17):155-159,164.

[21] 辛啟斌,王琳琳. 材料成形计算机模拟[M]. 北京:冶金工业出版社,2013.

[22] 刘相华. 刚塑性有限元及其在轧制中的应用[M]. 北京:冶金工业出版社,1994.

第4章
超塑成形/扩散连接过程的组织性能

　　超塑成形过程中的材料组织变化主要包括晶粒形状与尺寸、晶粒的滑动与转动、位错与孔洞等。组织变化对于超塑成形/扩散连接后材料的力学性能有着重要影响。扩散连接使材料表面在温度与压力作用下形成冶金连接,而界面局部未焊合与弱连接是扩散连接过程中较为常见的缺陷,它的存在会使有效承载面积减小,并且在缺陷附近产生应力集中,不同程度地影响结构的力学性能。本章总结了超塑成形/扩散连接过程中材料及扩散连接界面处的显微组织变化、孔洞及扩散连接界面缺陷演变,并对其静力性能和疲劳性能进行了表征,分析了组织和缺陷对力学性能的影响。

4.1　超塑成形/扩散连接过程的显微组织

　　材料在超塑性变形过程中往往发生与传统塑性变形不同的组织结构的变化。在超塑性变形过程中,通常受应变速率、变形温度和应变量等综合因素影响产生晶粒的粗化,因晶粒的滑动和转动以及动态再结晶等效应,使晶粒等轴化并获得非常大的伸长率,由晶界滑移或协调变形不充分而诱发产生孔洞和位错等。研究材料超塑性变形时微观组织的变化一方面可以为分析超塑性变形微观机理提供帮助,另一方面也有助于预测材料超塑性变形后的力学性能变化。

◢ 4.1.1　材料显微组织

　　材料在超塑性变形过程中的显微组织变化主要体现为晶粒形状与尺寸的变化。一般情况下,超塑性变形后材料的晶粒由于热效应相比原始晶粒均会长大,表现为晶粒的粗化。材料在超塑性变形时,晶粒长大的速度受诸多因素影响,包括应变速率、变形温度和应变量等,还与合金成分有关,而对于两相合金,还与相比例及第二相析出等有关。例如,Zn-Al 共析合金经超塑性变形后,试样标距部位的晶粒尺寸相比于夹持部位的大 1.7 倍甚至更多,表明这种晶粒长大并不仅仅由热效应造成,而且还应与超塑性变形有关。

超塑性变形不仅会引起晶粒的粗化,在一定条件下也会出现晶粒细晶等轴化的现象,这通常与动态再结晶的发生有关。动态再结晶是材料在超塑性变形过程中较为普遍存在的组织效应。一般情况下,具有原始纤维组织或含长条状晶粒的合金在超塑性变形时往往会产生动态再结晶而转变成等轴细晶组织。T. H. Alden 研究发现 Sn-5%Bi 合金具有明显的纤维或片层状初始组织,经过超塑性变形后,却可以获得均匀的细晶等轴组织。

另外,晶粒的滑动、转动和换位在材料超塑性变形时通常也是会发生的,并促使材料获得较高的延伸率。晶粒在滑动和转动过程中形貌和尺寸会有所变化,但仍会保持较好的等轴状。研究者在试样表面制作标记线,经超塑性拉伸后,观察到某些标记线在晶界处由原来的直线变成了折线,证明晶粒间发生了相对位移;某些标记线段与原来的直线呈一角度,证明晶粒发生了转动。Naziri 等对 Zn-Al 共析合金薄膜的超塑性变形过程进行了原位观察,发现了晶界滑移、晶粒移动与换位等现象,还发现超塑性变形中的晶界滑移、位错运动与扩散蠕变的耦合过程。

下面,介绍本书作者关于部分典型钛合金超塑性变形的显微组织研究结果:

1. TC4 合金

TC4 合金是一种典型的 α+β 两相钛合金,因具有优异的综合性能,是航空航天工业中应用最广泛的钛合金。TC4 合金不仅具有良好的强韧性匹配,长时间工作温度可达 400℃,而且具有良好的加工工艺性和超塑性,适合于各种加工成形。采用低温长时间处理的方法,获得不同晶粒尺寸的 TC4 合金原始组织,即在保证热处理过程中不发生相变的同时,通过调整热处理时间,实现不同晶粒尺寸的调控。具体工艺参数为:920℃、0.5h,920℃、2h,920℃、24h,在该条件下处理后初生 α 相比例几乎保持不变,约为 92%,但初生 α 相平均晶粒尺寸发生了明显的变化,分别如图 4-1(a)、(b)、(c)所示。从图中可以看出,随着热处理时间的延长,初生 α 相尺寸不断长大,在 920℃下热处理 0.5h 后初生 α 相的平均晶粒尺寸约为 5μm,当热处理时间延长至 2h 时,晶粒尺寸约为 8μm,当热处理时间延长至 24h 时,TC4 合金初生 α 相的平均晶粒尺寸达到约 12μm。图 4-1(d)、(e)、(f)分别为上述三种具有不同晶粒尺寸原始组织的 TC4 合金经超塑性变形后的微观组织。从图中可以看出,与原始组织相比,三种不同晶粒尺寸的原始板材超塑性变形后组织发生了明显的变化,超塑性变形过程中不但发生了再结晶,而且初生 α 相发生了明显粗化,晶粒出现长大,变形后初生 α 相平均晶粒尺寸分别约为 9μm、11μm 和 18μm。结果表明,随着初生 α 相尺寸的增加,超塑性拉伸伸长率不断减小,峰值应力不断增加;不同初生 α 相尺寸的 TC4 合金在超塑性变形后,初生 α 相尺寸均发生长大,且变形过程中初生 α 相间的原始片层组织转变为针状组织。这表明 TC4 合金的超塑性拉伸变形中,晶粒长大为其变形过程中组织演化的显著特点之一。

图 4-1　超塑性变形前后 TC4 合金微观组织

(a)5μm 原始组织;(b)8μm 原始组织;(c)12μm 原始组织;

(d)5μm 组织变形后;(e)8μm 组织变形后;(f)12μm 组织变形后。

上述原始晶粒相对细小的 TC4 合金经 920℃、应变速率 $1 \times 10^{-3} s^{-1}$ 超塑性变形后的透射电镜(TEM)显微组织如图 4-2 所示。由图 4-2(a)可见,α 相与 β 相界面(相界)呈弧形并严重扭曲,这表明相界滑动是超塑性变形过程中的主要变形方式。α 晶粒内部和 α 相与 α 相晶界附近均未发现位错,而且 α 相与 α 相晶界窄而平直,如图 4-2(a)和(c)所示。但是如图 4-2(b)所示,位错从 α 相与 β 相的相界处发出,亦即 α 相与 β 相的相界为位错源,说明相界/晶界的滑动是由相界/晶界面附近位错的滑移和攀移来协调的。因此,可以推断这些位错是由界面滑动所诱发的,同时这种界面滑动更容易发生在 α 相与 β 相的相界处,而不是发生在 α 相与 α 相晶界处。另外,从图 4-2(c)、(d)还可以观察到变形过程中 β 相挤入 α 相与 α 相晶界并沿着 α 相晶界重新排列,α 相晶界出现了许多小的"凸起",其结果使得同一相的晶群重新分布,从而增多了相界面。这表明细晶 TC4 合金的超塑性变形中 β 相易变形,滑动主要发生在 α 相与 β 相的相界。

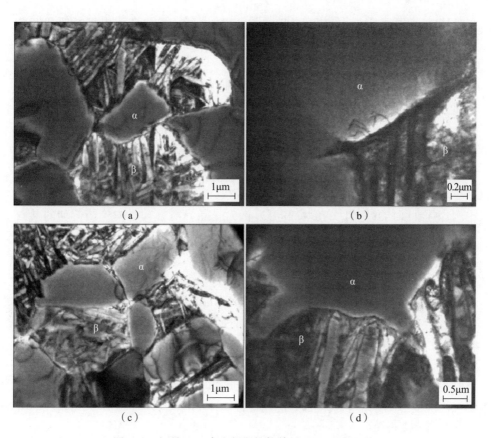

（a）   （b）

（c）   （d）

图 4-2   细晶 TC4 合金超塑性拉伸后 TEM 显微组织

图 4-3 所示为上述晶粒相对粗大的 TC4 合金经 920℃、应变速率 $1 \times 10^{-3} \mathrm{s}^{-1}$ 超塑性变形后的透射电镜（TEM）显微组织。对于晶粒较粗大的试样，不但在 α 相与 β 相的相界附近发现大量位错，如图 4-3（a）所示，而且在 α 相与 α 相晶界附近和 α 晶粒内部也发现了较多位错，如图 4-3（b）所示。同时，在 α 晶粒内存

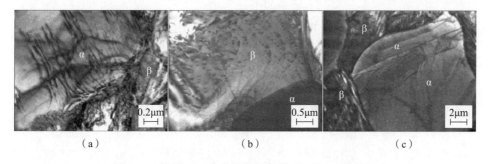

（a）   （b）   （c）

图 4-3   粗晶 TC4 合金超塑性拉伸后 TEM 显微组织

在亚晶界,亚晶界附近也存在位错,如图4-3(c)所示。由此可以推断超塑性变形过程中位错运动的结果形成了由位错墙构成的亚晶界,亚晶界的形成表明如果变形继续进行,将可能发生动态再结晶。

由上述结果可知,在TC4合金的超塑性变形过程中,由于初始晶粒尺寸的不同,其变形后组织也存在显著的区别。对于细晶TC4合金,α相与β相相界圆弧化且严重扭曲,位错从相界发出,位错运动协调的界面滑动是其主要变形机制。同时,除了界面附近的位错,在α相晶粒内部几乎没有发现位错。而对于粗晶TC4合金,变形过程中不仅在α相与β相相界附近有大量位错,而且在α相晶粒内部也存在较多位错,表明除了晶界滑移以外,晶内的位错运动也占了较大比例,因而此时的超塑性变形机制可以认为是晶界滑移与晶内位错运动的共同作用。

此外,针对TC4合金还研究了纳米晶材料对超塑性变形的影响。通过固溶处理将冷轧态的α+β两相组织(图4-4(a))调控为全片层组织(图4-4(b)),进而通过高压扭转剧烈塑性变形获得了纳米晶TC4合金材料,其TEM组织如图4-4(c)所示。衍射斑聚合成环状,表明形成了具有大角度晶界的超细晶组织,均匀分布的纳米晶粒平均尺寸约为70nm。对制备的纳米晶TC4合金在低温650℃条件下进行超塑性拉伸,获得了较高的伸长率,其中,在$5 \times 10^{-4} \mathrm{s}^{-1}$应变速率时得到了820%的伸长率,如图4-4(d)所示,表明纳米晶组织有助于材料在低温和高应变速率条件下获得良好的超塑性。

2. TA32合金

TA32合金是一种新型近α型耐高温钛合金,在TA12合金的基础上去除了稀土元素Nd并改变Nb等热强元素含量,β相稳定元素含量低,在550℃下具备良好热强性与热稳定性。但变形抗力大、导热系数低等特性使得TA32合金在常温下难以加工出具有复杂几何形状的零件;而高温下优越的超塑性变形能力为其零部件的成形提供了可行的技术途径。因此,对于TA32合金在不同变形条件下的超塑性变形研究具有重要意义。

实验材料为厚度2mm的TA32合金板材,β相转变温度约1005℃。TA32合金原始组织的金相显微镜(OM)图像如图4-5(a)所示,黑色β相晶粒呈等轴或长条状,沿灰白色等轴α相晶粒边界分布,两相晶粒沿板材轧制方向(RD)有所伸长,初生α相比例约为85%。此外,α相基体与α/β相边界弥散分布着大量细小的圆点状$(TiZr)_6Si_3$硅化物。TA32合金原始组织的EBSD图像及晶粒尺寸分布如图4-5(b)、(c)所示,可以看出多数晶粒呈等轴状,部分晶粒呈块状,大尺寸晶粒间分布着小尺寸晶粒,晶粒尺寸分布存在一定的不均匀性。TA32合金原始组织的能谱仪(EDS)分析结果如图4-5(d)所示,C元

素的谱峰为试样的喷碳处理所致,La 元素的谱峰为噪声峰,重叠峰处的元素
应为 Sn 和 Mo。

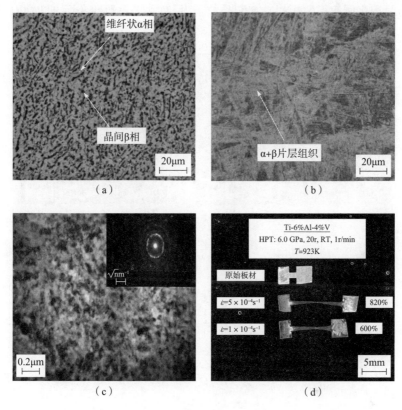

图 4-4　TC4 合金组织形貌
(a)冷轧态;(b)片层组织;(c)经高压扭转剧烈塑性变形后 TEM 组织;
(d)超塑性拉伸试样形貌。

图 4-6 为 TA32 合金在初始应变速率为 $1 \times 10^{-3} s^{-1}$、温度为 880~940℃条件
下的显微组织。由图可知,880℃下 α 相基体的晶间、α 相与 β 相的相间出现细
小 β 相晶粒,发生少量 α→β 相转变,试样的微观组织形貌和原始组织相差较
小,如图 4-6(a)所示。随着温度进一步升高,α 相晶粒有所长大,形貌维持等轴
状。β 相晶粒显著增大,形貌由长条状转变为等轴状。这是因为 α→β 相转变
随温度升高而增多,α 相体积分数降低,β 相则在原始 β 相基础上生长,β 相晶
粒不断合并长大,非等轴晶粒在动态再结晶作用下破碎并重新形核长大为等轴
晶粒,β 相由破碎转变为连续,而初始应变速率为 $1 \times 10^{-3} s^{-1}$ 时保温时间相对较
长,原子扩散迁移、晶界移动效应更强,也促进了两相晶粒长大。此外,高温下 β
相所拥有的高于 α 相的晶界扩散速率又使得 β 相晶粒相对快速地长大。值得

109

注意的是,超塑性变形过程中 α 相和 β 相会同时变形并且两者间发生竞争性的动态再结晶。920~940℃时的断后伸长率相对较大,尤其在 920℃温度下,相对适宜的两相比例使得两相相互抑制晶粒长大,有利于超塑性变形,此时断后伸长率获得极大值为 774%。

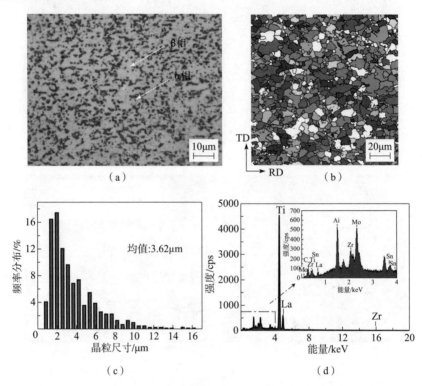

图 4-5　TA32 合金原始显微组织(cps 表示每秒计数)

(a)金相图片;(b)EBSD 图片;(c)晶粒尺寸分布;(d)EDS 结果。

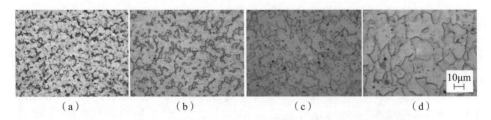

图 4-6　不同温度下初始应变速率为 $1\times10^{-3}\text{s}^{-1}$ 的 TA32 合金显微组织

(a)880℃;(b)900℃;(c)920℃;(d)940℃。

图 4-7 为 TA32 合金在温度为 900℃、初始应变速率为 $5\times10^{-4}\sim1\times10^{-2}\text{s}^{-1}$

条件下的显微组织。由图 4-7 可知,两相晶粒尺寸随应变速率的降低而增大,这是因为较低初始应变速率($5\times10^{-4} \sim 1\times10^{-3}\,\mathrm{s^{-1}}$)条件下充分进行的动态再结晶使得更多无畸变的细小等轴晶粒在晶界附近形核,但长时间的高温变形又促使了原子运动和晶界移动,继而使得动态再结晶晶粒不断聚合长大;较高初始应变速率($5\times10^{-3} \sim 1\times10^{-2}\,\mathrm{s^{-1}}$)条件下储能的积聚能够促使动态再结晶形核速率提高,但较快的变形速度又使得动态再结晶晶粒未能充分合并长大。β 相占比随应变速率的降低而略有增大,说明应变速率变化并非 α→β 相转变的主要诱因。此外,对比图 4-6 与图 4-7 可知,相比于温度,应变速率对 β 相晶粒形貌和尺寸的影响较小。

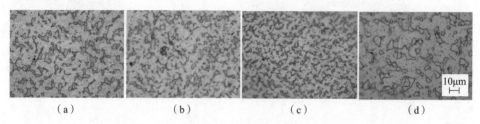

(a)　　　　　　(b)　　　　　　(c)　　　　　　(d)

图 4-7　不同初始应变速率下温度为 900℃时的 TA32 合金显微组织

(a)$1\times10^{-2}\,\mathrm{s^{-1}}$;(b)$5\times10^{-3}\,\mathrm{s^{-1}}$;(c)$1\times10^{-3}\,\mathrm{s^{-1}}$;(d)$5\times10^{-4}\,\mathrm{s^{-1}}$。

3. TNW700 合金

TNW700 合金是一种 Ti-Al-Zr-Sn-Nb-W 系多元强化型高温钛合金,可作为承力材料短时用于 600~750℃环境。实验材料为 M 态 TNW700 合金板材,采用差热分析法测得 β 相转变温度约为 1000℃。TNW700 合金原始显微组织如图 4-8 所示,由密排六方结构(hcp)的等轴 α 相(图 4-8(a)中黑色区域)和体心立方结构(bcc)的 β 相(图 4-8(a)中白色区域)构成,其中 α 相体积分数约为 94%。EBSD 测试结果表明 TNW700 合金原材料具有一定强度的基面织构特征(α 相的 c 轴接近垂直轧面的织构)。超塑性拉伸试验温度为 925℃,应变速率为 $0.001\,\mathrm{s^{-1}}$,应变分别为 0.1、0.25、0.5、0.75、1.0、1.5、1.7 和 1.75。试验过程采用恒应变速率拉伸,达到目标应变后立即将试样取出进行水淬,以保留高温变形组织。

图 4-9 为超塑性变形试验的真应力-真应变曲线以及对应的试样。由图可知,应变硬化和流动软化的临界应变约为 1.13。其中,试样标距段在应变硬化阶段均匀变长变窄,无颈缩出现;随变形应变增大至 1.5 时,试样标距段变窄明显但仍无明显颈缩出现,即 TNW700 钛合金流动软化与试样的局部颈缩关系不大,而是由微观组织改变所致;当变形应变高达 1.7 时,由于横截面积的大幅度降低,试样承载能力下降,导致局部颈缩和断裂发生。

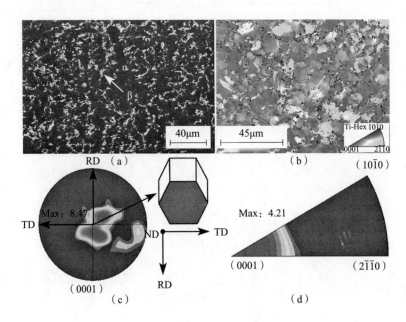

图 4-8　TNW700 合金板材原始组织
(a)SEM 照片;(b)晶粒取向图;(c)(0001)极图;(d)反极图。

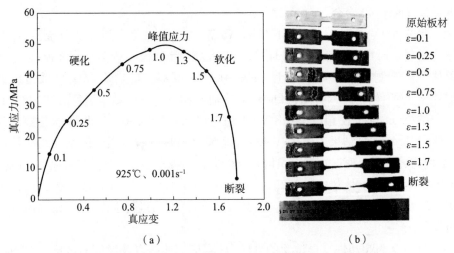

图 4-9　TNW700 合金在 925℃、0.001s^{-1} 条件下超塑性变形试验
的真应力-真应变曲线以及对应的试样
(a)真应力-真应变曲线;(b)试样形貌。

取试样标距段中心区域进行微观组织观察,真实应变为 0.1、0.25、0.5、
0.75、1.0、1.3、1.5、1.7 及断裂时的 SEM 图片分别如图 4-10(a)~(i)所示。显

然,超塑性变形后,β 相均匀分布在初生 α 相基体中;随应变增加,β 相体积分数及晶粒尺寸均增大。其中,各应变下 β 相体积分数分别约为 20.1%、20.6%、21.4%、23.2%、24.8%、28.7%、26.6%、32.1% 和 33.2%。该现象表明,在超塑性变形时应力或应变会诱导 α 相转变为 β 相,即发生 α→β 动态相变。高温下,α→β 动态相变是钛及钛合金的同素异晶转变,常在 β 转变温度以下出现,其转变驱动力与 α 相(硬化相)和 β 相(软化相)之间的净软化相关。在相变中,α 相和 β 相遵循 Burgers 取向关系,即 $(110)_\beta // (0002)_\alpha$,$[1\bar{1}1]_\beta // [11\bar{2}0]_\alpha$。研究表明,α→β 动态相变是一种重要的流动软化机制,硬相转变为软相可调节材料变形、释放应力集中或抑制孔洞形成,进而增强材料超塑性。这与 TNW700 钛合金在变形应变小于 1.13 时的连续应变硬化行为相反;因此,推测 β 晶粒动态长大可能是导致 TNW700 钛合金应变硬化的原因。

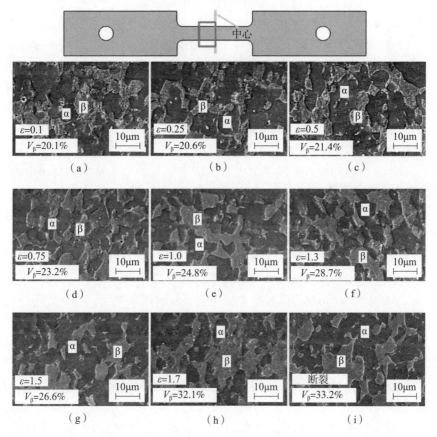

图4-10 TNW700 合金在 925℃ 和 0.001s^{-1} 超塑性变形后不同应变下的 SEM 图片

113

采用 TEM 进一步研究超塑性变形后 TNW700 合金的微观组织,见图 4-11。
由图可知,经水淬后试样中初生 α 相仍保持等轴态,而高温状态下存在的原始 β 相已完全转变为马氏体型 α′板条(也被称为次生 α_s 相),此时 β 相又可被称为转变 β 相。其中,α′型马氏体包括 {334} 六方型马氏体和 {344} 六方型马氏体,室温下两者均与初生 α 相具有相同的 HCP 晶格,且晶格常数相近。其中,{334} 型六方马氏体通常表现为片状形态,片内无孪晶,该类马氏体多出现在纯钛和元素含量较低的钛合金中;而 {344} 六方型马氏体则表现为锯齿状形态,马氏体片内有高位错密度、层错及孪晶,常出现于具有较高 β 相稳

图 4-11　在 925℃、0.001s⁻¹ 条件下超塑性变形后 β 相的 TEM 图片

定元素的钛合金中。马氏体相变是钛合金自高温冷却时发生的一种无扩散型相变,是由界面迁移控制的固态相变,在相变过程中只发生晶格重构,不发生原子扩散。此外,α′相与 β 相之间依然遵循 Burgers 取向关系,在本研究中 α′相及残余 β 相均被认作为高温 β 相。

在 925℃、$0.001s^{-1}$ 条件下,应变为 0.25、1.0、1.5 和 1.75(断裂)时的 EBSD 成形质量图(IQ 图)及晶界分布特征如图 4-12 所示。其中,图中圆圈、椭圆和正方形框分别表示为小角度(1°~5°)晶界、中角度(5°~15°)晶界和大角度(>15°)晶界。小角度晶界和中角度晶界是指相邻两个晶粒的原子排列组合角度很小,两晶粒间晶界由完全配合部分和失配部分组成,而大角度晶界则是指晶界上质点的排列接近无序状态。图中灰色和黑色区域分别对应于 α 相和转变 β 相。值得注意的是,转变 β 相中的次生 α 相和初生 α 相的晶体结构相同,EBSD 技术难以准确测得水冷淬火后试样中 α 相和 β 相的体积分数及晶粒尺寸。因此,在本书中,次生 α_s 相被用于量化高温 β 相的体积分数及晶粒尺寸。

由 IQ 图可知,β 相平均晶粒尺寸随应变增加而逐渐增大。在 4 种不同应变下,β 相晶粒平均尺寸分别约为 4.0μm、4.91μm、5.87μm 和 5.9μm。β 相晶粒在大应变时尺寸较大的原因与热暴露时间增加有关。此外,TNW700 合金中 β 相晶粒动态长大是材料出现应变硬化的主要原因。然而,研究表明晶粒过度长大或粗化是导致材料超塑性性能降低的主要原因。晶粒轴比(GAR)是指晶粒纵向尺寸和横向尺寸的比值,通常被用于表征晶粒形状,GAR 小于 2 的晶粒被定义为等轴晶粒。显然,当应变不超过 1.5 时,β 相晶粒的平均 GAR 基本保持不变,其值约为 2.2,表明 β 相晶粒基本保持准等轴性。随应变由 1.5 增加到 1.76,β 相晶粒的平均 GAR 由 2.23 迅速增加至 2.96。通过观察 IQ 图,可知大应变下的

β 相晶粒轴比的增加与其沿拉伸方向的聚集和拉长有关,如图 4-12(d)中椭圆圈出所示。

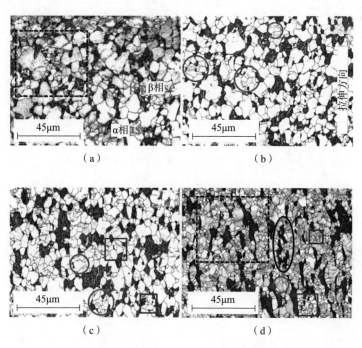

图 4-12　不同应变下 EBSD 成形质量(IQ)图
(a)0.25;(b)1.0;(c)1.5;(d)1.75。

相较于初生 α 相,β 相较软且具有更多活跃的滑移系统,可在 α+β 两相钛合金中充当"润滑剂"。此外,β 相的存在有利于抑制晶粒动态长大和孔洞聚集连接,改善超塑性变形过程中的晶粒内部调节机制,如位错蠕变和扩散蠕变。因此,β 相体积分数、晶粒尺寸和分布对钛合金超塑性变形机制和最大伸长率至关重要。图 4-13 为 TNW700 合金中 β 相形核及长大示意图,其中图 4-13(a)和(e)分别为形核和长大示意图,图 4-13(b)~(d)和图 4-13(f)~(h)分别为 TEM 观察到的 β 相晶粒形核和长大。首先,在少量 α 相晶粒内部发现了 β 相晶粒形核,即晶内 β 相,如图 4-13(a)和图 4-13(c)中的椭圆所示。此外,在图 4-13(a)、(b)、(d)中观察到了在 α 相与 α 相晶界(椭圆标记)或三叉晶界(圆形标记)处形核的 β 相晶粒,在此均称为晶界 β 相形核。由于晶界处形核所需驱动力较小,因此 β 相晶粒更倾向于沿晶界形核。有研究者利用原位 EBSD 技术研究了纯钛的 α→β 相变机理,同样发现,β 相晶粒既可在 α 相与 α 相晶界处形核,又可在 α 相晶粒内部形核,但晶内 β 相晶粒不稳定,在生长过程中会逐渐被晶界β相吞并。此外,发现晶内β相的形核常在{334}惯习面附近,且与α相晶粒母体保持Burger取向关系;而晶界β相晶粒的形核无特定惯习面,只与相邻α相晶粒一侧保持Burger取向关系。由β相晶粒的长大示意图(图4-13(e)~(h))知,晶界β相晶粒的长大模式为:①沿α相晶界长大直至三叉晶界处(图4-13(f));②直接楔入α相晶粒内部长大(图4-13(g))。这均依赖于原子的无序扩散。晶内β相晶粒则通过溶解和消耗周围α相晶粒长大。此外,发现晶内β相和晶界β相间存在竞争性长大,但由于晶界处流动性大而导致晶界β相在变形组织中占主导作用。此外,β相稳定元素在高温变形过程中的扩散和重新分布是影响β相晶粒形核和长大的另一个可能原因。最后,在图4-13(h)中观察到晶界β相晶粒沿拉伸方向发生团聚,即在超塑性变形过程中应力/应变可诱导β相的形核、长大及重新分布。

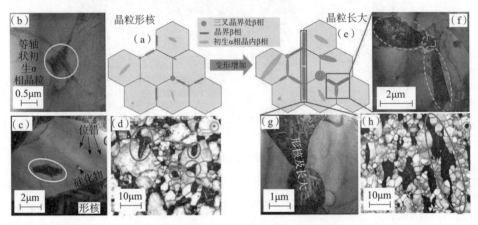

图4-13 β相晶粒形核及长大示意图

(a)晶粒形核;形核位置:(b)三叉晶界处,(c)α相晶粒内部,(d)α相与α相晶界处;
(e)晶粒长大;晶粒长大:(f)三叉晶界处,(g)楔入α相晶粒内部,(h)β相晶粒沿拉伸方向聚集。

为了更好地阐明TNW700合金在超塑性变形时的织构特征变化,图4-14给出了不同应变量下初生α相晶粒取向图,图4-15为相应的反极图(IPF)和(0001)极图(PF)。通常而言,织构变化包括晶粒的滑移面或滑移方向相对于主变形方向逐渐发生转动和偏移。IPF和PF是晶体坐标系投影在样品坐标系中得到的晶体织构特征图。图4-14表明,超塑性变形后TNW700合金初生α相晶粒具有一定的择优取向,大部分初生α相晶粒呈现为红色,即基面(0001)垂直于试样ND方向,这与TNW700合金原始板材具有一致的织构。由图4-15可知,在4种应变下初生α相晶粒的最大织构强度分别为7.22、6.33、6.34和4.53,均低于母材的最大织构强度(8.47)。通常,晶界滑移不会改变材料晶体取向。而材料最大织构强度随应变增加逐渐减小的现象说明晶粒取向逐步趋于随机化,这表明晶界滑移时可能伴随有晶粒重排或晶粒转动。此外,在 Ti55 和 TA32 合金超塑性变形时也发现由于晶界滑移诱导晶粒旋转导致材料织构强度被显著削弱。在 TC4 合金的超塑性变形时,因晶界/相界滑动会增加 α 相织构成分进而弱化织构强度。

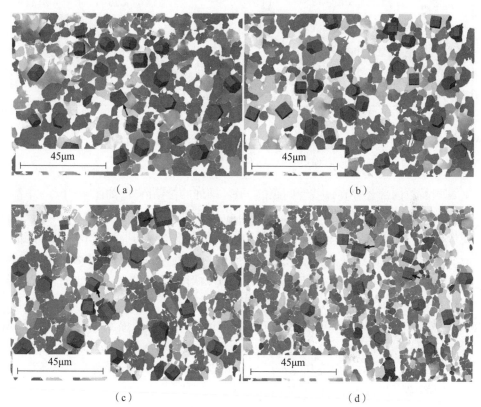

图 4-14　不同应变下 TNW700 合金晶粒取向图
(a)0.25;(b)1.0;(c)1.5;(d)1.75。

　　采用 TEM 进一步研究 TNW700 合金在超塑性变形时的位错演变。图 4-16 给出了在 925℃ 、0.001s^{-1} 条件下变形后断裂区的明场图,在图 4-16(a)中观察到了由小角度晶界构成的方形位错网格,这是亚晶形成初期的典型特征。此外,在图 4-16(a)中还发现了由晶界或晶角处发射并终止在晶粒对面的位错。在热激活条件下,位错会相互缠结形成胞状结构,如图 4-16(b)所示,且在胞状结构内部发现大量可移动自由位错,这也是亚晶形成初期的典型特征。随应变继续增大,由位错缠结形成的胞壁会逐步演变为能量更低的规则位错网格或小角度晶界,而胞内自由位错则会通过位错湮灭或者重排进入周围的小角度晶界。初

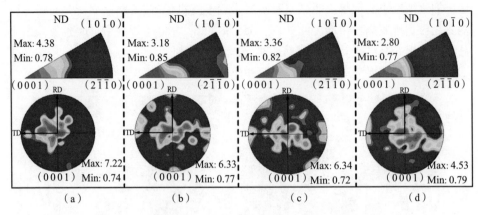

图4-15　不同应变下试样的反极图(IPF)图和(0001)极图
(a)0.25;(b)1.0;(c)1.5;(d)1.75。

生α相晶粒内部还存在一些等间距的、平行排列的位错阵列,如图4-16(c)中箭头所示,这表明在超塑性变形时晶粒内部位错运动非常活跃。初生α相晶粒的变形机制主要以位错的平面滑移机制为主。晶内位错运动可为变形提供一定的应变量,有利于超塑性变形。此外,平行排列或缠结的位错可重新排列形成LAGB晶界。在图4-16(c)还发现由位错缠结形成的位错壁以及亚结构,这表明初生α相晶粒发生了动态多边化过程和动态回复。通常,位错壁的形成与位错带周围位错的滑移或攀移有关。在图4-16(d)中发现了部分几乎不含位错的等轴α相晶粒,即证实了本研究中α相晶粒的连续动态再结晶机理。此外,需要指出的是,由于由高温冷却至室温时β相表现出多态转变,导致难以分析确定β相内部位错在超塑性变形时的演变规律。

4. TC21合金

TC21合金一种高强高韧损伤容限型钛合金,具有高强度、高断裂韧性、低裂纹扩展速率、优良的疲劳和焊接性能等综合性能匹配,可用于制造大型整体构件。研究采用的TC21合金细晶材料,晶粒尺寸约为$4\mu m$,超塑性变形试验温度范围为$860 \sim 950^\circ C$,应变速率范围为$5 \times 10^{-4} \sim 1 \times 10^{-3} s^{-1}$。研究结果表明,TC21合金细晶材料在温度为$890^\circ C$、应变速率为$5 \times 10^{-4} s^{-1}$条件下,伸长率达到1240%时,试样尚未断裂,而且变形均匀,无缩颈现象。图4-17为$860^\circ C$、$1 \times 10^{-3} s^{-1}$条件下,通过TEM观察的TC21合金显微组织。由图可知,在超塑性变形过程中,α相晶粒的晶界出现圆弧化,晶界变宽,晶粒等轴化,但大小不均匀(图4-17(a)中箭头所示),呈现动态再结晶组织变化的典型特征。图4-17(b)中的位错为图4-17(a)中的晶粒1内观测所得,可见位错有向晶界处运动的趋势,在晶界处聚集,晶界处的位错密

度明显高于晶粒内部。位错运动遇到障碍时,由热激活产生攀移而避开障碍,攀移
的结果使得滑移位错形成位错阵列(图 4-17(b)),进而多边形化,并不断吸收高

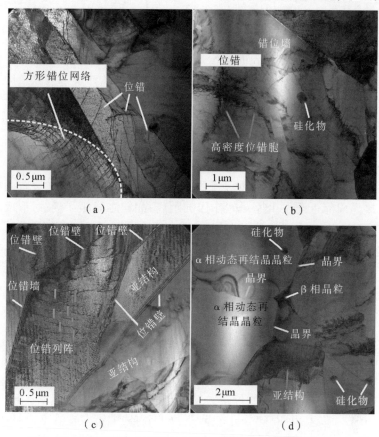

图 4-16　TNW700 合金试样高分辨率透射电镜明场微观组织图片

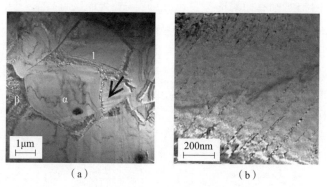

图 4-17　TC21 合金的 TEM 显微组织

(a)再结晶现象;(b)位错组态。

温变形产生的畸变能,演化为小角度晶界甚至大角度晶界。而在低应变速率 $5 \times 10^{-4}s^{-1}$ 条件下变形的试样中未观察到明显的位错特征。

▲4.1.2 扩散连接界面组织

金属材料扩散连接通过表面紧密贴合并施加一定的温度和压力,材料接触面之间发生原子扩散形成新的扩散层,实现可靠、牢固的连接。扩散连接主要通过界面原子间的相互作用形成扩散连接界面,原子间的相互扩散是实现连接的基础。扩散连接界面的形成包含了复杂的物理化学变化,通常认为其发生过程如下:待扩散连接表面微观上凹凸不平,当扩散连接表面紧贴时,波峰处首先接触,未接触处即为界面孔洞,在压力的作用下,接触点上发生弹塑性变形及蠕变变形,随着压力的持续作用,界面孔洞发生一定程度的收缩,实际接触面积不断增大,连接界面靠近至发生原子间作用的距离,晶粒之间相互接触,形成较为稳定的物理接触;形成实际的接触面后,在扩散连接压力和温度的作用下,表面原子被激活,使原子的运动脱离原来的位置而进入新的平衡位置,界面之间形成金属键等化学键结合;在扩散连接温度和压力继续作用下,进入物质相互扩散的阶段,此阶段扩散连接界面接头处的晶粒不断形成,随着晶界的变化和迁移,接触界面逐渐消失,在界面上形成新的晶粒,使材料间形成牢固的结合,显微组织上已无法分辨初始接触界面的位置,扩散连接完成。

扩散连接时,钛合金表面的氧化膜在高温下可溶解在母材中,所以不妨碍扩散连接的进行。相同成分的钛合金在合适的工艺条件下进行扩散连接时,在界面组织中观察不到原始界面的痕迹。钛合金的扩散连接参数范围比较宽,压强可在 $1 \sim 10MPa$ 范围内,时间为几分钟至数十分钟,温度一般在 $800 \sim 1000 \, ℃$ 之间。如果扩散连接时间过短,严重时会导致扩散连接界面中残留有许多孔洞,温度过高或时间过长,则会使界面及母材晶粒长大,进而影响性能。压力也是钛合金扩散连接的重要影响因素,其主要影响固相扩散连接第一、二阶段的进行,如压力过低,则表层微塑性变形不足,表面形成物理接触的过程进行不彻底,界面上残留的孔洞过大且过多。较高的扩散连接压力可产生较大的表层塑性变形,还可使表层再结晶温度降低,加速晶界迁移。较高的压力有助于固相扩散连接第二阶段微孔的收缩和消除,也可减少或防止异种金属扩散连接时的扩散孔洞。在其他参数固定时,采用较高压力能产生较好的扩散连接接头,压力上限取决于对扩散连接件总体变形量的限度和设备吨位等。在获得较好的界面接头组织和性能的前提下,要综合考虑温度、压力、时间和表面状态等因素,降低成本,提高效率。另外,钛合金原始组织晶粒度对扩散连接也会有影响,一般情况下,原始晶粒越细,获得良好扩散连接界面所需时间越短、所需压力越小。所以,超塑成形/扩散连接钛合金原始组织通常要求为细晶组织。下面介绍本书作者关于部分典型钛合金的扩散连接界面组织的研究结果。

1. TC4 合金

扩散连接材料为厚度 1.5mm 的 TC4 合金板材,其扩散连接工艺参数和焊合率结果如表 4-1 所示。由表 4-1 可知,扩散连接温度不变时,随着扩散连接压力或时间的增加,其焊合率增加,在较高的温度(910℃)条件下,获得相近焊合率,实现相似扩散连接效果时需要的扩散连接压力和时间分别比在 880℃ 下更低、更少。在 880℃、2.0MPa、90min 条件下,可以实现焊合率达 95% 以上;当温度提升至 910℃,同样保压 90min 时,压强在 1.5MPa 时就可获得 95% 以上的焊合率,在界面组织中观察不到原始界面的痕迹,实现了完全焊合。观察不同扩散连接参数下界面处的显微组织,如图 4-18 所示,可以看出板材晶粒尺寸相近,界面未焊合处表现为明显的黑色短线,焊合处则发生了完全再结晶,形成与母材相同的晶粒,表现为等轴组织。上述分析表明,在温度为 880~910℃、压强不超过 2MPa 和保温时间不超过 90min 的条件下,为了改善扩散连接效果,温度较低时,宜提高压强和增加保温时间;反之,可适当降低压强或减少保温时间。

表 4-1　扩散连接工艺参数与焊合率的关系

温度/℃	压强/MPa	时间/min	焊合率/%
880	1.0	60	70
	1.5	60	85
	1.5	90	95
	2.0	90	>95
910	1.0	30	85
	1.0	60	95
	1.5	90	>95

2. TA32 合金

对于 TA32 合金扩散连接试验温度选择采取由高到低的方法进行,扩散连接时间和压强分别固定为 2h 和 2MPa,扩散连接温度范围为 880~940℃。扩散连接界面处的显微组织结果如图 4-19 所示。由图可知,在 880℃、2MPa、2h 条件下,TA32 合金扩散连接效果较好,但存在一些弥散分布的未焊合点状缺陷;在 900℃、2MPa、2h 条件下,则基本实现了焊合,只存在极少的未焊合点状缺陷;而在 940℃、2MPa、2h 条件下,TA32 合金实现了完全焊合,界面处晶粒与界面两侧

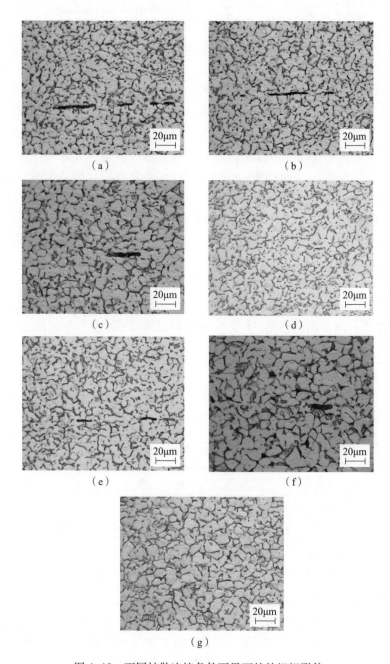

图 4-18　不同扩散连接条件下界面处的组织形貌

(a)880℃、1.0MPa、60min；(b)880℃、1.5MPa、60min；(c)880℃、1.5MPa、90min；

(d)880℃、2.0MPa、90min；(e)910℃、1.0MPa、30min；(f)910℃、1.0MPa、60min；

(g)910℃、1.5MPa、90min。

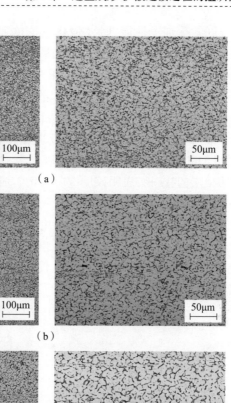

图 4-19　不同工艺条件下 TA32 合金扩散连接界面处的显微组织
（a）880℃、2MPa、2h；（b）900℃、2MPa、2h；（c）940℃、2MPa、2h。

母材组织晶粒相同，在界面组织中已观察不到原始界面的痕迹。显微组织观察表明，在上述扩散连接工艺条件下，焊合界面处的晶粒形貌与界面两侧母材组织基本一致，仍为等轴晶，但随着扩散连接温度的提高，界面两侧及扩散连接界面处的晶粒尺寸均有所长大，扩散连接效果变好。

3. TC4/TB8 异种钛合金扩散连接

　　异种钛合金扩散连接是利用钛合金扩散连接工艺，将两种不同的钛合金固相焊接在一起。采用 TC4 合金与 TB8 合金板材进行扩散连接试验研究。TB8 合金名义成分为 Ti-15Mo-3Al-2.7Nb-0.25Si，是一种新型亚稳 β 型钛合金，具有优良的高温强度和抗蠕变性能、高淬透性、优良的抗氧化性能和耐腐蚀性能,较好的冷加工性能,时效强化后抗拉强度显著提高,可用于制作有温度要求的飞机或发动机结构件、蜂窝、紧固件和液压管材等,还可用作金属基复合材料的基体。在 870℃、2MPa、1.5h 的组合参数条件下,开展扩散连接工艺试验,两种 1.0mm 厚度的异种钛合金扩散连接界面的显微组织如图 4-20 所示。由图 4-20 可见,在该组合参数条件下两种钛合金实现了完全扩散连接,并且在TB8 合金一侧出现一层约 10μm 宽的反应层,组织形貌为针状的 β 转变组织。该反应层与 TB8 合金显微组织不同,TB8 合金为固溶处理后的粗大 β 组织,而反应层则析出次生 α 相,表明该反应层的化学成分由于合金元素扩散而发生了变化,α 相稳定元素扩散进入 TB8 合金一侧,形成富 β 相的 α+β 型合金,因而有次生 α 相析出;通常随炉冷却都会出现粗大的次生 α 相,因为冷却速度缓慢,次生 α 相析出完全并长大,而该反应层析出的次生 α 相较细。另外,在 TC4 合金一侧观察到了一层很薄的 α 相层,几乎没有 β 相,同样是由于合金元素扩散造成了局部成分变化。

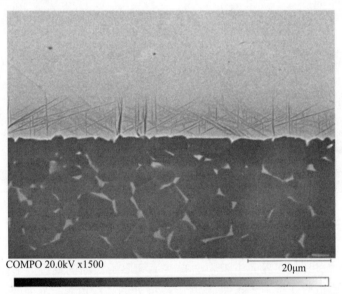

COMPO 20.0kV x1500   20μm

24575   26623   28671   30719   32767   34815   36863   38911   40959

图 4-20　TC4 合金与 TB8 合金扩散连接界面显微组织

对扩散连接界面及两侧母材进行电子探针显微分析(EPMA)表征,重点分析 Mo、Nb、Si、V 等元素分布和含量,结果如图 4-21 所示。可见,Al 和 Ti 元素的分布十分相近,TC4 合金中的 Al 和 Ti 含量均高于 TB8 合金的,因此,在界面处会形成一个元素过渡区,并且在 TB8 合金一侧也会存在约 10μm 的渐变区;而 V 元素则会扩散到 TB8 合金一侧的渐变区,但界面处存在一层明显的贫 V 层,宽度很窄,约 2μm。而对于只有 TB8 合金中含有的 Si、Nb、Mo 三种元素,其中,Si 元素从 TB8 合金扩散到 TC4 合金均匀渐变,并未受反应层的影响,Si 的原子尺寸小于 Ti 的,可固溶于 α 相和 β 相,从该分析结果可以看出,Si 在两相的固溶度相近,通常 Si 元素的加入可提高抗氧化性和形成硅化物而提高高温强度;与 Si 相比,Nb 和 Mo 元素在反应层有较为明显的区别,反应层中间存在较为明显的分界,这表明,Nb 和 Mo 元素跨越界面扩散的能力相对较弱。

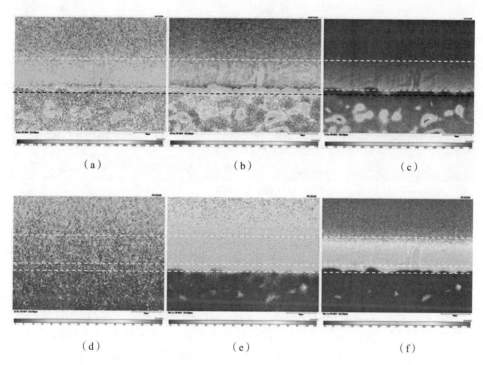

图 4-21 TC4 合金与 TB8 合金扩散连接界面 EPMA 面扫描分析结果
(a)Ti 元素;(b)Al 元素;(c)V 元素;(d)Si 元素;(e)Nb 元素;(f)Mo 元素。

扩散连接温度降至 850℃时的扩散连接界面显微组织如图 4-22 所示。由图可知,在该温度下也可实现 TB8 合金与 TC4 合金的完全焊合,界面反应层厚度约为 8.5μm。由于该温度超过 TB8 合金的相转变温度(830℃),因此,TB8 合金的晶粒尺寸有所长大,可达 200μm 以上,而 TC4 合金晶粒形貌变化不大。

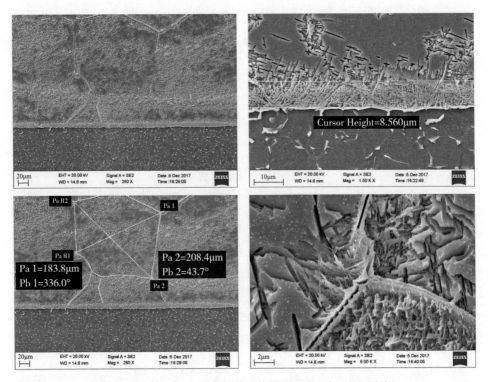

图 4-22 TB8/TC4 合金扩散连接界面显微组织 SEM 照片

4.2 超塑成形/扩散连接过程的缺陷

孔洞是超塑性变形过程中普遍存在的一种组织缺陷。材料超塑性变形过程中的孔洞行为一般包括孔洞形核、孔洞长大和孔洞连接与断裂。在超塑性变形到达一定程度时，可能会出现孔洞的形核、长大，继而发生孔洞的聚合或连接，最终导致材料断裂。而对于扩散连接来说，常会产生界面未焊合与弱连接等界面缺陷，对结构承载性能造成不利影响。因此，对于孔洞和扩散连接界面缺陷的研究和控制，具有重要意义。

◢ 4.2.1 孔洞与断裂

根据孔洞形状不同，可以将孔洞分为两类：①产生于三晶粒交界处的楔形孔洞，也称 V 形孔洞，通常由于应力集中所产生；②沿晶界特别是相界产生的圆形孔洞，也称 O 形孔洞，形状多为圆形或椭圆，出现此类孔洞的晶界或相界通常与拉应力垂直。在带坎的晶界上也会出现 O 形孔洞，此类孔洞可以看作是过饱和空位向晶界(或相界)汇流、聚集而形成。一般来说,在高应力下易出现 V 形孔洞,低应力下易出现 O 形孔洞。从能量的观点看,这是因为在相同的体积下 V 形孔洞比 O 形孔洞的表面积大,因而形成能量(与表面积成正比)也大,所以需要较大的应力。V 形孔洞一旦形成后,由于其能量比 O 形(在相同体积下)高,因而会力图释放一部分能量而转变为 O 形,这一转变往往在高温下通过扩散过程来完成。试验研究表明,孔洞不仅可在拉应力作用下产生,在压应力作用下同样可以产生,说明对于孔洞产生来说,切应力会起到重要的作用。但相比而言,在压应力作用下孔洞产生更为困难,尤其是在较高的球张量压应力下超塑性变形时材料内部不易出现孔洞。

　　孔洞的形核是一个较为复杂的问题,而孔洞既可能预先存在于原材料中,也可以在超塑性变形过程中产生。晶界上的杂质粒子随晶界滑移的进行与晶界发生脱离可以形成孔洞;也有因晶界滑移诱发产生的孔洞。也就是说,孔洞通常产生在晶界上,特别是在三叉交界上或第二相粒子处,在这些位置,由晶界滑移所引起的局部应力集中,虽然可以借助扩散或位错运动来协调,但如果晶界滑移速度超过了调节速度,则所产生的应力将引起孔洞形核。这种由晶界滑移导致孔洞在三角晶界处的形核过程可用图 4-23 来表示,晶界滑移引起的晶界角隅处的应力集中,无法被其他协调机制松弛时则会引起孔洞形核。当外应力升高时,在较多位置会超过形核的临界应力,从而增加孔洞形核的速度。如有关于 Al-6.3Cu-0.29Mn 的研究发现,在超塑性拉伸应变量为 20% 左右时发现在三角晶

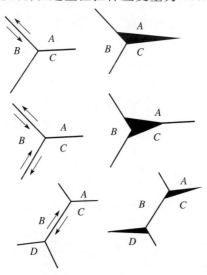

图 4-23　晶界滑移导致三角晶界处孔洞形核示意图

界、晶界面上大粒子和其他晶界角隅处出现了孔洞,就被认为是晶界滑移不协调的产物,因为该合金的析出相 $CuAl_2$、T 相和 AlFeSi 等的硬度远高于基体相,当晶界滑移遇到较大粒子时,会在不易变形的大粒子周围的基体界面上产生应力集中,导致变形不协调而出现了孔洞。晶内滑移有利于松弛晶界滑移引起的应力集中,因而一定程度上有助于抑制孔洞的产生和扩展。而孔洞的产生也能松弛晶界处的应力集中,协调晶界滑移,如图 4-24 所示。

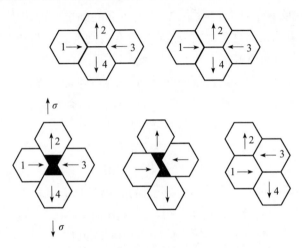

图 4-24 孔洞协调晶界滑移示意图

对于晶界滑移使三叉晶界处产生孔洞,Stroh 运用 Zener 的假设(在切应力作用下发生晶界滑移时,在三叉晶界处产生裂纹)提出了孔洞的形核条件如下:

$$\tau^2 > \frac{12\nu G}{\pi L}$$

式中:τ 为切应力;ν 为孔洞的表面能;L 为滑移晶面长度(即晶界凸起之间的距离或晶界粒子之间的距离);G 为剪切模量。

Baj、Ashby、Yoo 和 Trinkaus 提出了一个简单的高温变形孔洞形核率函数公式如下:

$$\frac{dN}{dt} = c(N_{max} - N)$$

式中:c 为形核率系数;N_{max} 为可能形核的最大数;N 为新形核的孔洞数目;t 为时间。

Raj 和 Ashby 应用经典理论对孔洞形核问题做了较为深入的研究工作,提出了孔洞形核模型:

$$r_c = \frac{2\nu}{\sigma}$$

式中:r_c 是临界孔洞形核半径;ν 为孔洞的表面能;σ 为等效应力。在超塑性变形条件下,孔洞形核的临界直径约为 $0.2 \sim 1.0 \mu m$。

一般认为,材料超塑性变形过程中孔洞长大的机制主要有应力促进孔洞沿晶界扩散长大和孔洞周围材料的塑性变形引起孔洞长大。孔洞在其形核或长大初期主要受空位扩散的控制,应变量增大后孔洞长大可能主要受晶界滑移所控制。对于扩散孔洞长大,Beere 和 Speight 提出了扩散控制的孔洞生长率关系:

$$\frac{\mathrm{d}r}{\mathrm{d}\varepsilon} = \frac{2\Omega\delta_{gb}D_{gb}}{kT} \cdot \frac{1}{r^2} \cdot \left(\frac{\sigma - 2\nu/r}{\dot{\varepsilon}}\right) \cdot \alpha$$

式中:Ω 为原子体积;δ_{gb} 为晶界宽度;r 为孔洞半径;ν 为表面能;ε 为真应变;σ 为流动应力;T 为热力学温度;$\dot{\varepsilon}$ 为应变速率;k 为波耳兹曼常数;D_{gb} 为晶界扩散系数;α 为考虑孔洞尺寸与间距的系数,其值为

$$\alpha = \frac{1}{4\ln\left(\dfrac{\lambda}{2r}\right) - \left[1 - \left(\dfrac{2r}{\lambda}\right)^2\right]\left[3 - \left(\dfrac{2r}{\lambda}\right)^2\right]}$$

式中:λ 为孔洞之间的距离。

Chokshi 充分研究了孔洞在超塑性变形过程中的作用和影响,鉴于超塑性变形时材料晶粒一般较细,提出了当孔洞尺寸大于晶粒尺寸时的孔洞超塑性扩散长大模型:

$$\frac{\mathrm{d}r}{\mathrm{d}\varepsilon} = \frac{45\Omega\delta_{gb}D_{gb}}{d^2 kT} \cdot \frac{\sigma}{\dot{\varepsilon}}$$

式中:d 为晶粒尺寸。

上述公式认为孔洞尺寸随应变的变化与瞬时孔洞半径无关,与晶粒尺寸的平方成反比。但该模型有如下限制条件:低应变速率;中等试验温度(因为空位扩散成为孔洞主要发生在晶界而不是晶格中);小于 $5\mu m$ 的细晶晶粒,一定程度上限制了其应用。

在超塑性变形过程中,孔洞可由扩散控制的空位聚合长大,或由平均应力导致孔洞表面应变而引起长大,后一个变形机制不包括流向孔洞的空位。McClintock 提出了一个圆柱形孔在幂函数硬化材料中长大的模型,Hancock 将它发展成为一个指数规律的孔洞长大方程,提出了塑性变形控制的孔洞长大模型,此模型的基本假设是孔洞长大由孔洞周围基体的塑性变形控制,其公式如下:

$$\frac{\mathrm{d}r}{\mathrm{d}\varepsilon} = r - \frac{3\nu}{2\sigma}$$

该公式前一项反映了孔洞周围塑性变形导致的孔洞长大,后一项反映了在

低应力水平下表面长大收缩孔洞的影响趋势。这一模型在超塑成形中应用较为广泛,可以比较准确地预测蠕变和超塑性变形中形成的大延伸孔洞。

将上述 Beere 等提出的扩散孔洞长大模型和 Hancock 提出的塑性变形控制孔洞长大模型用曲线表示,如图 4-25 所示。图中,r_c 为临界孔洞半径,随应变速率的减小而增加。当孔洞半径长大至 r_c 时,孔洞长大机制由扩散长大机制转变成塑性变形长大机制。一般认为,在可获得最大伸长率时的超塑性变形应变速率下,当孔洞直径尺寸大于 $1\mu m$ 时,塑性变形控制的孔洞长大机制成为主要机制。

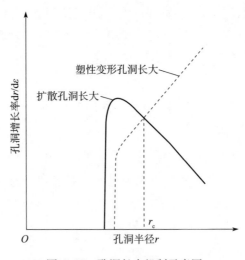

图 4-25　孔洞长大机制示意图

基于 Hancock 的孔洞长大模型,Stowell 提出了一个塑性变形控制孔洞体积增大的关系式:

$$\frac{\mathrm{d}v}{\mathrm{d}t} = \eta v \dot{\varepsilon}$$

式中:$\dfrac{\mathrm{d}v}{\mathrm{d}t}$ 为孔洞体积 v 随时间 t 的变化率;η 为孔洞长大率参数;$\dot{\varepsilon}$ 为真应变速率。

Cocks 和 Ashby 基于对孔洞长大的理论分析,给出了 η 的如下关系式:

$$\eta = \frac{3}{2} \times \frac{m+1}{m} \times \sinh\left(\frac{2}{3} \times \frac{2-m}{2+m}\right)$$

式中:m 为应变速率敏感性指数。

Pilling 根据 Stowell、Cocks 和 Ashby 的研究给出了 η 的如下关系式:

$$\eta = \frac{3}{2} \times \frac{m+1}{m} \times \sinh \left[\frac{2 \times (2-m)}{2+m} \times \left(\frac{K}{3} - \frac{\rho}{\sigma} \right) \right]$$

式中：ρ 为附加应力；σ 为等效单轴流动应力；K 为随应力状态变化的常数,单向拉伸时取值为 $1 \sim 2$,双向拉伸时取值为 $2 \sim 2.5$。K 值取决于变形过程中晶界滑移的程度,较低的值代表没有晶界滑移的情况,而较高的值代表晶界自由滑移。在超塑成形过程中,通常 $K = 1.5$ 和 $K = 2.25$ 分别代表单轴变形和双轴变形。

如前面所述,超塑性变形主要是通过晶界滑移的方式进行,如果没有其他相适应的物质流动过程进行协调(如扩散蠕变或位错蠕变)来弥合晶界滑移所造成的孔隙,或者这种弥合速度慢于孔隙产生速度,则会在晶粒之间产生孔洞。有试验表明,在相同的温度和应变下,孔洞密度会随应变速率增加和晶粒尺寸增大而提高,这说明应变速率提高和晶粒尺寸增大均会给超塑性变形时不同变形机制的相互协调与适应带来困难。当一定程度的孔洞呈细小而分散状独立存在时,对晶界滑移是有利的,因为当晶界滑移到三角晶界处难以继续进行滑移时,可借助孔洞来松弛并提高塑性。但是如果材料内部孔洞较多或尺寸比较大时,就会存在较多或较强的应力集中区,如果这些应力集中未能及时松弛,就必然会导致表征应力松弛能力的 m 值降低,进而材料变形能力降低。另一方面,如果超塑成形后的材料内部存在大量孔洞,尤其是较大的 V 形孔洞,则会显著降低材料的强度性能和断裂韧性等,给成形零件的使用可靠性带来一定威胁,从而限制其应用。

虽然孔洞尺寸与数量通常随应变量的增大而增加,但由于具有超塑性的材料具有高的应变速率敏感性,因而具有较强的抗颈缩扩展能力,所以在孔洞之间即使有很细的连接时,也会具有抵抗断裂的能力,在宏观上表现出对孔洞的高度容忍性。一般认为,导致材料最终断裂的原因是孔洞的聚合或连接。在发生孔洞大范围连接之前,孔洞对晶界滑移有协调作用,促进伸长率提高,当孔洞发生大范围连接时,试样截面已减小到无法承受外加应力的作用,即孔洞在横截面内聚合到某一程度时,就会发生断裂。Taplin 和 Smith 提出了超塑性断裂的一般模型,如图 4-26 所示,该模型认为孔洞形核是因为应力集中,当孔洞长大并形成裂纹后,继续变形进而会导致断裂,该作者还认为应变速率敏感性指数 m 的增加能阻止颈缩和延迟断裂。连建设等运用非线性长波分析法从理论上研究了材料超塑性单向拉伸时的断裂过程,提出了单向拉伸的超塑性断裂机理图,如图 4-27 所示,认为超塑性变形和由此导致的材料断裂是一个由应变速率敏感性指数 m 和孔洞长大速率所控制的过程,提出断裂模式包括如下三种：对于孔洞敏感性材料,断裂是在没有明显外部几何颈缩或减薄情况下,由于内部孔洞长大导致的断裂；对于孔洞不敏感性材料,断裂由外部几何颈缩或减薄引起；两者共存导致的混合断裂。现在一般认为,超塑性拉伸试样断裂的形式主要有两种:一种是试样逐渐拉成细丝状,以"点"的形式断裂,试样往往显示出扩展颈缩和较高的伸长率;另一种是试样中孔洞尺寸和数量超过临界值后,由于孔洞的连接和聚合,在未出现明显颈缩的情况下发生断裂。金属多晶体的断裂可分为穿晶断裂和沿晶断裂,在超塑性变形时发生的断裂一般认为是沿晶断裂。为了更好地掌握材料超塑性变形规律和成形极限,对于孔洞的连接聚合和最终材料的断裂仍需做进一步的研究。

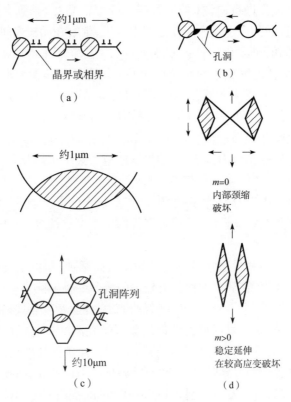

图 4-26　孔洞和断裂过程模型

下面介绍本书作者关于部分典型合金的孔洞研究结果:

1. 5083 铝合金

研究所用的 5083 铝合金,供货态为冷轧板,原材料为粗大的枝状拉长晶粒结构(图 4-28(a)),经 555℃下保温 40min,完全静态再结晶后,得到晶粒尺寸约为 17μm 的等轴组织(图 4-28(b))。单向拉伸试验均在 555℃ 和应变速率 5×10^{-4}s^{-1} 下进行。双向等应力试样是从锥形件底部和台阶形盒形件的三维角处

132

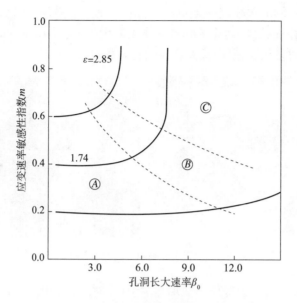

图 4-27　单向拉伸的超塑性断裂机制图

切取的,采用有限元模拟计算了压力-时间曲线以保证恒定的应变速率。变形后,单向拉伸试样沿平行于滚轧方向切取,根据网格变化及 FEM 计算结果选取双向等应力试样的部位。

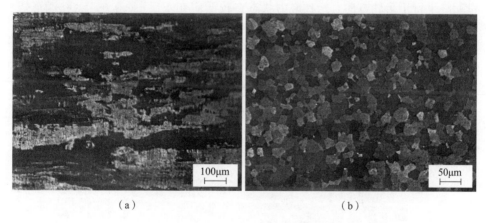

（a）　　　　　　　　　　　　　　　　（b）

图 4-28　5083 铝合金原材料显微组织
（a）冷轧状态（枝状）；（b）再结晶后（等轴）。

研究结果表明,热机械处理细化晶粒后原材料的金相组织中硬质点（Al_6Mn 颗粒）沿滚轧方向分布,半径约 $10\mu m$。高倍观察发现,大的硬质点破碎,孔洞形成于破碎部分之间（图 4-29 中 A 处）和大的硬质点周围（图 4-29 中 B 处）,这

钛合金超塑成形/扩散连接技术及应用

些预先存在的孔洞沿滚轧方向分布。由再结晶后的扫描电镜照片,可以发现大的硬质点周围存在孔洞,而小的弥散硬质点周围没有孔洞,进一步观察表明,由于大的硬质点数量较少,所以预先存在的孔洞数量显著减少。

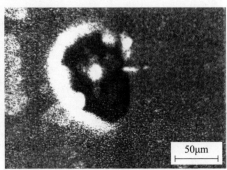

图 4-29　5083 铝合金原材料及再结晶后的孔洞特征

图 4-30 所示为双向等应力变形至 $\varepsilon=0.4$ 时的金相照片,滚轧方向为水平方向。可以发现形成了十分明显的孔洞条带,而且孔洞基本呈球形,半径为 8~10μm。高倍观察没有发现明显的孔洞连接。图 4-31 所示为单向拉伸试样的孔洞扩展情况,图 4-31(a)为 $\varepsilon=0.8$ 拉伸轴与滚轧方向平行;图 4-31(b)为 $\varepsilon=0.6$ 拉伸轴与滚轧方向垂直,两张照片的拉伸轴为水平方向。可以发现,孔洞条带始终平行于滚轧方向。两种应力状态在较低应变水平($\varepsilon<0.6$)下,孔洞形貌为球形,图 4-30 及图 4-31(b)呈现沿滚轧方向的少量连接。当 $\varepsilon=0.8$ 时,两个方向均发生孔洞连接。比较三幅照片可以发现,随着应力水平的增加,孔洞条带

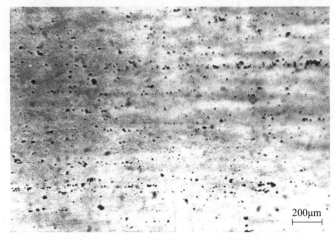

图 4-30　双向等应力变形至 $\varepsilon=0.4$ 时的金相照片

134

变得不清晰。在更高应变水平 $\varepsilon = 0.85$ 时,由于孔洞大量连接,孔洞条带已经被掩盖;而且在垂直和平行于滚轧方向都发生了连接。

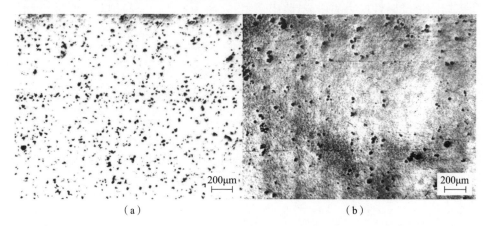

（a） （b）

图 4-31 单向拉伸试样的孔洞特征
(a)拉伸轴与滚轧方向平行;(b)拉伸轴与滚轧方向垂直。

高倍扫描电镜观察(图 4-32(a))表明,孔洞沿有硬质点的晶界发展。需要指出的是,5083 铝合金孔洞的沿晶界发展(图 4-32(b))在变形初始阶段不发生,只发生在变形后期。比较 2 种应力状态发现,蜘蛛网状的沿晶孔洞在单向拉伸时出现在较低的应变水平。比较两种应力状态在不同应变水平下的孔洞形貌可以发现,更多的孔洞出现在双向拉伸状态,而单向拉伸时孔洞的连接发生更早。

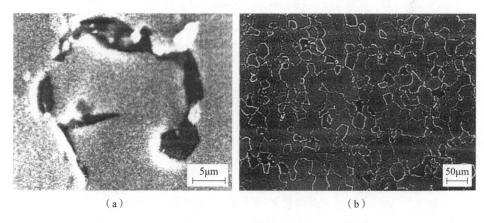

（a） （b）

图 4-32 孔洞扩展照片

从单向拉伸实验结果可以发现,改变拉伸轴与滚轧方向的关系相应地会引起孔洞分布条带方向的改变。双向变形时,孔洞分布条带仍然平行于滚轧方向。因此,推论孔洞的动态形核依然与硬质点有关。Chokshi 等提出,晶界滑移在硬质点周围形成弹性应力集中,这将阻碍滑移,由于快速的晶间扩散蠕变过程,小的硬质点周围不会产生严重的应力集中,因而,孔洞不会形核。在超塑温度下,大的硬质点周围的 Coble 扩散蠕变涉及相间扩散指数而非晶间扩散指数,因为相间扩散指数比晶间扩散指数小几个数量级,硬质点周围的应力集中不能松弛,因而引起了孔洞形核,这种解释与本实验结果基本吻合。理论分析表明,扩散为主的孔洞长大阶段是由最大主应力控制的,在各种应力状态下的区别很小。因此,在这一阶段,两种应力状态的孔洞长大速率基本相等。但孔洞长大的主要机制是幂律函数蠕变机制,在其起主要作用的生长阶段是由平均应力控制的,双向等应力与单向拉伸应力状态相比,平均应力高一倍。因此,在双向应力状态孔洞的长大速率要高。

2. 7B04 铝合金

研究所用的 7B04 铝合金,晶粒尺寸分别为 $10\mu m$(细晶)和 $20\mu m$(粗晶),其原始组织如图 4-33 所示。由图可知,粗晶板材的带状组织非常明显,晶粒的轴比较大,组织中只含有极少的细小晶粒,细晶板材为等轴组织,晶粒分布较为均匀。

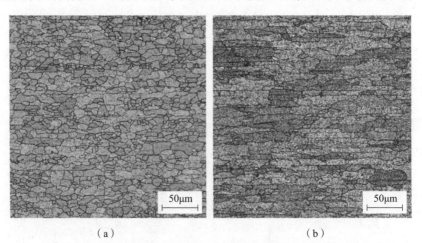

(a)   (b)

图 4-33　细晶和粗晶 7B04 铝合金板材原始组织

(a)细晶板材;(b)粗晶板材。

对于细晶 7B04 铝合金板材,在最佳变形条件($530℃$、$3\times10^{-4}s^{-1}$)下进行不同变形量的超塑性拉伸试验,对所得不同变形量的试样选取局部变形量相对较大处进行取样观察,其孔洞分布情况如图 4-34 所示。由图 4-34(a)看出,当变形量为 100% 时,在光学显微镜下开始观察到少量孔洞,呈分散分布,尺寸和体积分数均非常小,此时的孔洞并不会对超塑性变形过程造成很大影响。如图 4-34(b)~(f) 所示,随着变形量的增加,孔洞不断形核和长大,数量和体积分数均逐渐增加。由于受到拉应力的作用,晶粒沿拉伸方向发生重排,使得孔洞的长轴也基本沿拉伸方向,且随变形量的增加,沿拉伸方向的连接也越来越明显。当变形量达到 1000% 时,如图 4-34(e) 所示,组织中出现了尺寸很大(长短轴均值大于 200μm) 的孔洞,这种大孔洞继续发展很有可能导致此处成为试样最脆弱处。当变形量达到 1663% 时,如图 4-34(f) 所示,孔洞体积分数很大,大孔洞数量更多,孔洞之间连接状态更加明显,正是由于孔洞的这种长大、连接,使得变形失稳,导致试样断裂。

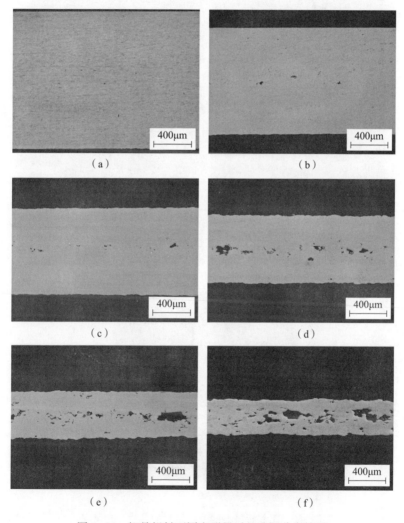

图 4-34　细晶板材不同变形量时的孔洞分布情况
(a)100%;(b)200%;(c)400%;(d)600%;(e)1000%;(f)1663%。

对于粗晶 7B04 铝合金板材,在同样变形条件(530℃、$3\times10^{-4}s^{-1}$)下进行不同变形量的超塑性拉伸试验,并取样观察,其孔洞分布情况如图 4-35 所示。由

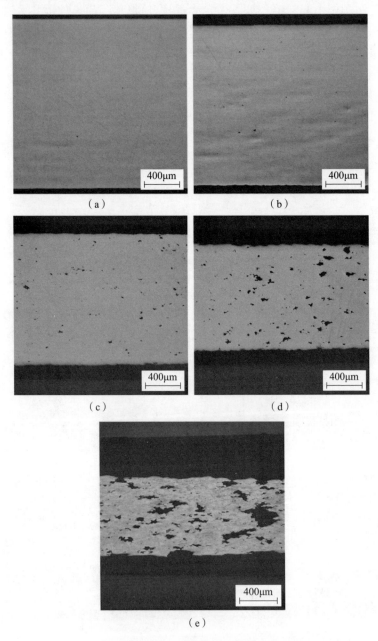

$\qquad\qquad$(a) $\qquad\qquad\qquad\qquad\qquad\qquad$(b)

$\qquad\qquad$(c) $\qquad\qquad\qquad\qquad\qquad\qquad$(d)

(e)

图 4-35　粗晶板材不同变形量时的孔洞分布情况
(a)20%;(b)50%;(c)100%;(d)200%;(e)310%。

图 4-35(a)看出,对于粗晶板材,当变形量为 20% 时,在光学显微镜下已经开始观察到少量孔洞,这明显小于细晶板材开始观察到孔洞时的变形量,说明在拉伸变形初期孔洞就已经产生。此时的小孔洞呈分散分布,尺寸和体积分数都较小。如图 4-35(b)~(d)所示,随着变形量的增加,孔洞数量迅速增多,平均尺寸也有了明显增大。当变形量为 200% 时,直径达到几十微米的孔洞已经较多,与图 4-34(b)中相同变形量细晶板材的情况相比,孔洞数量和尺寸增加较为明显。如图 4-35(e)所示,当变形量达到 310% 时,孔洞的尺寸和数量继续快速增加,孔洞轴比很大,连接状态非常明显,且孔洞前后比较尖锐,说明组织撕裂处存在较大程度的应力集中,这导致了孔洞的快速连接和扩展,造成了试样的快速断裂。

利用 Image-Pro Plus 软件分别测算 7B04 铝合金粗晶和细晶板材不同变形量时孔洞的平均直径和体积分数。图 4-36 为 7B04 铝合金粗晶和细晶板材孔洞平均直径随真应变增长的对比图。由图可知,孔洞平均直径基本呈线性增长,相同变形量时,细晶板材中孔洞的平均直径较小。断裂时,细晶板材孔洞的平均直径为 22.5μm,略小于粗晶板材的 24.7μm。细晶板材对应的斜率较小,说明其孔洞长大的速度相对较慢。

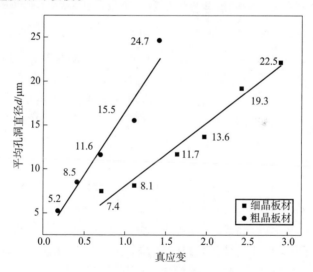

图 4-36　粗晶和细晶板材孔洞平均直径随真应变增长的对比图

图 4-37 所示为 7B04 铝合金粗晶和细晶板材孔洞体积分数随真应变增长的对比图。由图可知,孔洞体积分数是呈指数规律增长的。孔洞发展初期,随着真应变的增加,体积分数增长缓慢,后期体积分数的增长速率迅速增大。通过对比两条曲线,可以看出相同变形量时,细晶板材的孔洞体积分数较小。断裂时,细晶板材的孔洞体积分数约为 16.31%,粗晶板材约为 16.49%,相差不大。观察

接近断裂时两条曲线的斜率,可以看出细晶板材对应斜率较小,说明接近断裂时细晶板材的体积分数的增长速率相对较小。

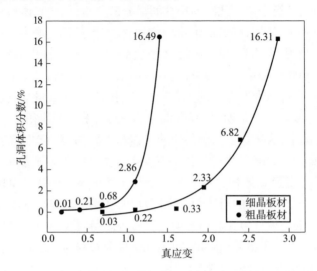

图 4-37　粗晶和细晶板材孔洞体积分数随真应变增长的对比图

细晶 7B04 铝合金晶界面积较大,在超塑性拉伸过程中,容易发生晶界滑移,协调机制也容易进行。变形初期,某一点一旦有萌生缺陷的趋势,变形协调机制会使这一点的受力状态快速改变,以使缺陷及时弥合,这是对孔洞发展过程的一种推迟和减缓。结合变形段的孔洞分布图,可知在变形量达到 100% 时,组织中才开始发现小孔洞的存在,且孔洞的平均直径和体积分数都以较慢的速度增长,材料的变形过程比较稳定,受缺陷影响较小,最终获得了较大的伸长率。而原始粗晶 7B04 铝合金板材的组织呈明显的带状,变形过程中晶界滑移相对较难发生,应力集中无法及时释放,缺陷产生较早,且孔洞尺寸、数量增长较快,孔洞快速连接聚合,这使得材料局部快速失稳,材料伸长率大幅降低。虽然所研究细晶和粗晶板材孔洞的尺寸和发展速度不尽相同,但从孔洞体积分数的测算结果来看,高温拉伸断裂时孔洞的体积分数相近,因此可以判断该 7B04 铝合金对孔洞的容忍度约为 16%。孔洞在发展初期,尺寸较小且呈独立分布,其形核及长大的过程有利于释放晶界处的应力集中,这有利于变形的协调。而当孔洞长大到一定程度,逐渐发生连接和聚合,使得孔洞体积分数迅速增加,导致材料快速失稳断裂。

4.2.2　扩散连接界面缺陷

扩散连接界面处的缺陷会对接头组织和力学性能产生不利影响。本节以

TC4 合金为研究对象,针对钛合金三层空心桁架结构典型扩散连接界面缺陷分布形式及扩散连接界面一阶弯曲振动应力分布特点和应力状态,通过数值模拟方法合理设计基于应力响应和工艺符合性的钛合金扩散连接界面缺陷,研究扩散连接界面缺陷的演变以及界面缺陷方向、缺陷尺寸及位置等几何参数对扩散接头损伤的影响;采用在两层钛合金厚板界面精确涂覆止焊剂方法,通过钛合金扩散连接工艺,获得钛合金扩散连接界面缺陷,并对界面缺陷进行表征,从而为界面缺陷对结构件力学性能影响的评估奠定基础。

采用上述方法在指定位置获得了一系列平面圆形扩散连接界面缺陷,通过超声波检测扩散连接界面的方法对钛合金扩散连接界面处缺陷进行重点识别,并对宏观焊合情况进行表征;采用金相显微分析方法对小面积紧贴型界面缺陷进行观察,并对扩散连接界面处微观焊合率进行表征。采用平底孔试块作为超声对比试块,将含界面缺陷的扩散连接试块放置于大厚度超声检测系统进行 C 型超声波无损检测,分析结果如图 4-38 所示,表明采用当前超声波检测方法可以实现对含界面缺陷的钛合金扩散连接试块进行全区域宏观检测分析。经过对比分析,结果表明该试验获得了预期的扩散连接界面缺陷。

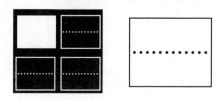

图 4-38　扩散连接界面缺陷超声检测结果

采用线切割方法获取含有扩散连接界面缺陷的横断面试样,进行显微组织观察,如图 4-39 所示。扩散连接界面缺陷横断面成扁平状,同时界面缺陷高度不一致,界面缺陷两端呈人字形。同时对扩散连接界面区域进行显微组织观察,如图 4-40 所示,可知扩散连接后钛合金板材微观组织为初生 α 相,约为 95% 的等轴组织,分布均匀,除界面缺陷处之外,扩散连接界面其余部位达到冶金结合状态,扩散连接质量好。

通过数值模拟方法,采用包含破坏的黏弹性本构模型分析 TC4 合金界面缺陷在超塑成形过程中的演化规律。材料本构为基于 Backofen 超塑性方程并包含 K-R 破坏准则的黏弹性本构模型。在该破坏模型中,每一点上的破坏逐渐积累并增大。预设缺陷厚度为 $50\mu m$,长度为 $100\mu m$,缺陷的两端为光滑的倒圆角,其几何模型示意图及局部放大图如图 4-41 所示。

图4-39 扩散连接界面缺陷的微观表征

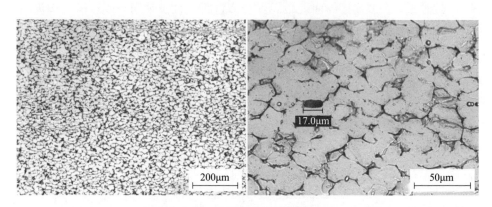

图4-40 扩散连接区域显微组织

图4-41 扩散连接界面内部缺陷几何模型示意图及局部放大图

　　为考察缺陷对结构变形的影响,选取角点位置上倒圆角两侧的两个参考点之间的距离为参考距离,如图4-42所示,以这两个参考点之间的相对位移表征含缺陷结构的变形,其相对位移随时间的变化规律不同的。数值模拟过程中,分别设置缺陷左侧倒圆角圆心与角点倒圆角圆心之间的距离为0.1mm、0.15mm、0.2mm和0.3mm。

（a）   （b）

图 4-42 结构变形参考距离定义

（a）变形前；（b）变形后。

数值模拟结果表明，在超塑成形过程中，整体结构的内部应力先增加，后减小（释放），缺陷对角点附近的变形及应力场有一定的影响。如图 4-43 所示，当角点与缺陷间距离为 0.1mm 时，将出现局部破坏（图 4-43a 中 A 部分），有效扩散连接界面缩小；当角点与缺陷间的距离大于 0.15mm 时，结构在变形中便不会发生破坏，缺陷厚度比初始结构小，缺陷本身有闭合的趋势；当缺陷距离角点大于 0.3mm 时，缺陷在成形过程中将发生较为一致的闭合，对角点附近局部的变

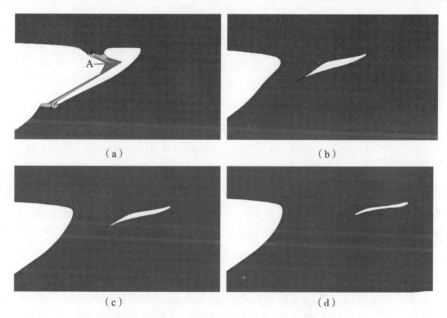

（a）   （b）

（c）   （d）

图 4-43 不同缺陷与角点距离下结构超塑成形后的变形云图

（a）缺陷与角点距离为 0.1mm；（b）缺陷与角点距离为 0.15mm；

（c）缺陷与角点距离为 0.2mm；（d）缺陷与角点距离为 0.3mm。

形也几乎没有影响。缺陷与角点之间距离不同时,通过不同的参考距离随时间的变化曲线可以体现结构的变形情况,如图 4-44 所示。由图可知,当缺陷距角点距离为 0.1mm 时,结构发生破坏,并且此时参考距离与无缺陷时的情况差距最大,即结构的变形变化最大。而当缺陷距角点距离为 0.3mm 时,参考距离与无缺陷的情况差距非常小,可以认为,当缺陷距角点距离大于 0.3mm 时,缺陷对角点的影响可以忽略。

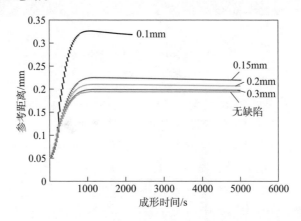

图 4-44   缺陷与角点距离不同时参考距离随成形时间变化情况

为考察角点位置发生破坏之后,缺陷位置材料是否会发生后继的破坏,讨论不同的缺陷尺寸对成形结果的影响。建模时将缺陷简化为中部为矩形、两端为两个半圆的形式,故讨论缺陷尺寸的影响时,考虑中部矩形水平方向的长度为不同值的情况,以此作为缺陷的长度。选定缺陷距角点为 0.1mm,缺陷长度分别为 0(无缺陷)、0.05mm、0.1mm 这三种情况。图 4-45 为数值模拟的结构破坏场云图,黑色部分表示破坏场的值为 0(不发生破坏),深灰色部分(A、B 部分)表示破坏场的值为 1(完全破坏)。模拟结果表明,当无缺陷时或缺陷长度较短时,角点处未发生破坏,当缺陷长度为 0.1mm 时,角点位置发生破坏,但在上述情况下均未发现缺陷位置材料发生后继破坏。综合上述数值模拟结果分析发现,当缺陷长度较大时,角点位置会发生破坏,但是缺陷距角点较远端并不会发生破坏,而是有一定的闭合趋势。当缺陷长度较短时,角点附近的材料在变形过程中会与缺陷内表面发生接触,从而缓和局部的应力集中,此时角点附近并不会发生材料破坏失效。模拟结果并没有出现角点发生材料破坏之后缺陷处继续发生破坏的情况,故认为破坏可能仅在角点位置附近发生。当考虑材料的本构模型为 K-R 破坏黏弹性本构模型时,成形过程中尖角区域可能发生破坏。当缺陷与角点之间的距离小于 0.3mm 时,结构将发生破坏;而当缺陷距角点距离大于 0.3mm 时,缺陷对角点的影响较小。

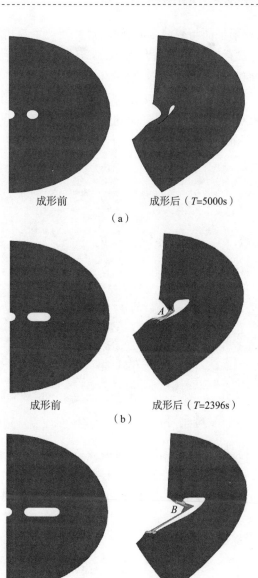

图 4-45　缺陷尺寸对超塑成形破坏场的影响

(a)缺陷内部矩形长度为 0mm 时结构成形后的破坏场;(b)缺陷内部长度为 0.05mm 时结构成形后的破坏场;
(c)缺陷内部长度为 0.1mm 时结构成形后的破坏场。

进一步,以界面缺陷尖端位置的应力强度因子作为主要评价指标,通过数值模拟分析含界面缺陷的钛合金非连续实体在交变载荷作用下界面缺陷附近的应力响应,研究界面缺陷平面与载荷方向、缺陷尺寸及位置等几何参数对扩散连接接头损伤的影响。设置缺陷的直径为 2mm,端部加载的载荷大小为 600MPa,板内部的非焊合界面缺陷与拉伸方向之间的夹角分别为 0°、15°、30°、45°、60°、75°、90°。每种角度情况下(载荷施加方向为图 4-46 中的竖直方向),结构对称面上的缺陷附近的应力分布及缺陷环向的应力强度因子的分布(以缺陷中心为极坐标原点)如图 4-46 所示。

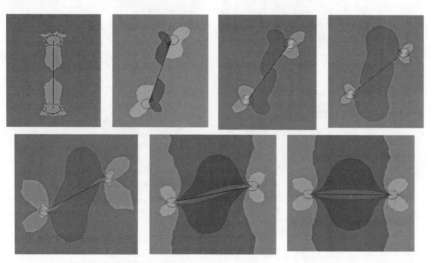

图 4-46 缺陷与拉伸方向的夹角及附近的应力分布情况

通过计算可获得缺陷周围一圈的裂纹前缘单元的应力强度因子,如图 4-47 所示。由于建立的是半模型,故缺陷环绕角度为 180°。由图 4-47 可以发现:沿缺陷环向的应力强度因子值非常小,结构很难发生裂纹扩展;当缺陷边缘位置(以缺陷中心为极坐标原点)为 0°、90°、180°、270°、360°时,应力强度因子达到极大值,这些位置的裂纹扩展速率较大。

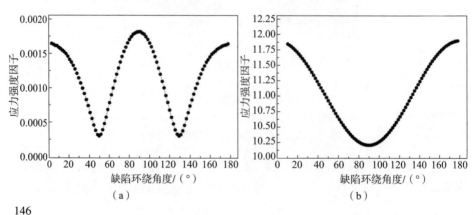

（a）　　　　　　　　　　　　　　（b）

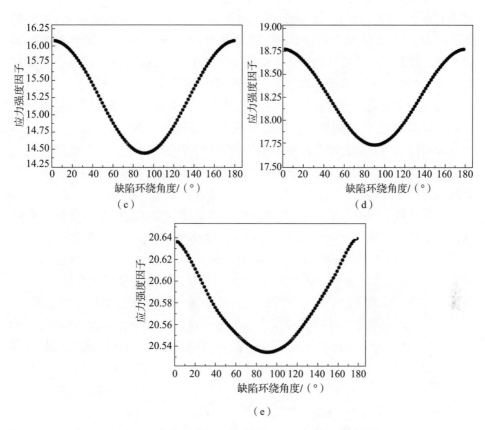

图 4-47 缺陷与拉伸方向不同夹角时环向的应力强度因子
(a)0°;(b)30°;(c)45°;(d)60°;(e)90°。

当缺陷与拉伸方向夹角为 0°、15°、30°、45°、60°、75°、90°时(图 4-48),应力强度因子随缺陷的环向变化规律为:沿缺陷环向的应力强度因子值随着夹角的

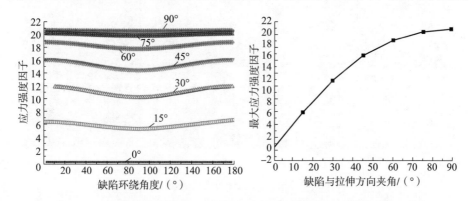

图 4-48 夹角方向与缺陷环向的应力强度因子和最大应力强度因子关系

增大而增大,当夹角为 0°时,应力强度因子很小,裂纹不容易发生扩展;当夹角增大时,裂纹面上最大应力强度因子迅速增大;当夹角为 90°时,最容易发生裂纹扩展。此时对应的裂纹类型为 I 型裂纹。除了夹角为 0°的情况,其余角度下缺陷面上的应力强度因子分布都十分接近,裂纹面将会几乎同时发生扩展。

对于确定夹角位置的缺陷,在沿缺陷环向角度为 0°/180°时,应力强度因子达到极大值,这些位置的裂纹扩展速率较大。若两者夹角为 0°,则应力强度因子最大的位置为非焊合缺陷的侧壁部位;而当两者的夹角为 90°时,缺陷的尖端为应力强度因子最大的位置。前者在发生损伤演化的过程中,其裂纹的萌生寿命将占主要部分;而后者的扩展寿命将占主要部分。

由上述数值模拟结果可知,界面缺陷与载荷施加方向的夹角显著影响界面缺陷对扩散连接接头寿命的作用。当载荷与缺陷平行时,结构较难破坏,此时主要考虑裂纹的萌生寿命;随着两者夹角的逐渐增大,缺陷附近的应力强度因子不断变大,裂纹扩展的速率因此变大,此时裂纹的扩展寿命将逐渐成为主要部分。当缺陷与载荷加载方向平行时,上述数值模拟结果表明接头寿命对尺寸不敏感。

进一步研究缺陷尖端形状对接头应力分布及寿命影响,纵向界面缺陷尺寸设为 1mm,建立与上述同样的有限元模型,并两端施加均布载荷,缺陷尖端几何模型通过五点样条进行描述。模拟结果表明:裂纹的寿命对缺陷的形状较为敏感;缺陷位置对寿命的影响受结构内应力分布情况影响;当同时存在多个缺陷时,缺陷位置的应力水平相对于单个缺陷的情况更高,寿命更短。

当缺陷与载荷加载方向垂直时,研究模型内部缺陷长度对应力强度因子的影响,缺陷半径取值范围为 0.2mm、0.5mm、1mm(图 4-49),有限元模型与前述相同,每种裂纹长度情况下,结构对称面上的缺陷附近的应力分布情况及缺陷环向的应力强度因子的分布情况如图 4-50 所示。模拟结果表明,当缺陷与载荷加

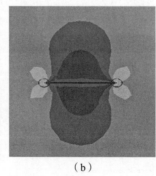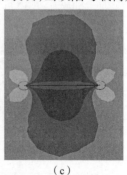

|(a)|(b)|(c)|

图 4-49 缺陷大小及附近的应力分布情况

(a)半径为 0.2mm;(b)半径为 0.5mm;(c)半径为 1mm。

载方向垂直时,即使存在不同尺寸横向界面缺陷,扩散面承受交变载荷时应力强度因子分布较为均匀。如图 4-51 所示,裂纹的寿命对缺陷的尺寸敏感,随界面缺陷尺寸增大,缺陷周围的应力强度因子值也会增大。

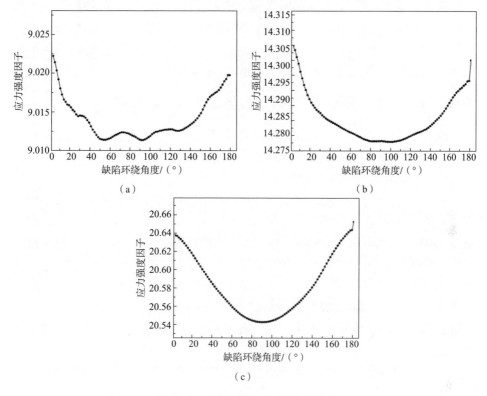

图 4-50　缺陷环向的应力强度因子

(a)缺陷半径为 0.2mm;(b)缺陷半径为 0.5mm;(c)缺陷半径为 1mm。

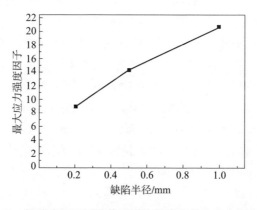

图 4-51　缺陷半径不同取值时裂纹前缘的最大应力强度因子

4.3 超塑成形/扩散连接后的材料性能

钛合金超塑成形/扩散连接通常包含产热、传热、应力、应变、扩散与相变等诸多物理过程,在此过程中往往会发生不同的组织变化甚至产生缺陷,进而对其力学性能产生显著影响。关于组织和缺陷对其力学性能影响的研究,能够为评估超塑成形/扩散连接工艺对结构承载性能的影响提供帮助。

◢4.3.1 基于超塑成形/扩散连接热循环的材料性能

钛合金超塑成形/扩散连接通常需要实现"形性协同控制",工艺控制难度大,对组织性能的影响因素众多,不同因素间往往也会相互影响,从而对工艺参数的确定与优化提出了很大的挑战。

对于 TC4 合金超塑成形/扩散连接组合工艺,以温度作为主要因素开展随炉热循环试验研究,热循环温度分别为 960℃、930℃、900℃,时间为 4h。分别制备经 960℃、4h,930℃、4h,900℃、4h 随炉热循环并空冷后的 TC4 合金室温拉伸试样和沙漏型光滑圆柱轴向高周疲劳试样,进行室温拉伸试验以及室温、空气环境下的轴向拉-拉高周疲劳试验(加载频率为 100Hz,应力比 $R=0.1$,最大应力水平介于 $400\sim700$MPa 之间)。疲劳试验在长寿命阶段采用升降法,在中低寿命阶段采用成组法,每个应力水平至少测试 3 个样品,疲劳寿命超出 10^7 周次则终止试验。

表 4-2 为分别经 960℃、4h,930℃、4h,900℃、4h 随炉热循环后以及原始状态 TC4 合金的室温拉伸性能。结果表明,经随炉热循环后,TC4 合金屈服和抗拉强度都有一定程度的降低,而塑性基本不变。这是由于经热循环后 α 相晶粒发生粗化,根据 Hall-Petch 关系,晶粒尺寸增大,材料强度性能降低。热循环后材料的晶粒虽然发生粗化,但也发生回复和再结晶,晶粒呈等轴状,并且组织分布更加均匀,使得材料塑性变形趋于均匀,从而延缓裂纹的萌生和扩展,因此,其塑性变化不大。在上述三种随炉热循环条件下,TC4 合金的室温拉伸性能相差不大,抗拉强度、屈服强度、伸长率和断面收缩率均较为接近。原因是随着炉温度升高,材料的晶粒尺寸有增大的趋势,对力学性能有不利影响,但同时初生 α 相的比例降低,有利于材料强度的提高,而且组织分布更加均匀,利于协调塑性变形,这些因素会减弱晶粒尺寸长大的不利影响,综合作用导致三种热循环条件下 TC4 合金的室温拉伸性能基本相当。

表 4-2　TC4 合金室温拉伸性能

热处理制度	抗拉强度 R_m/MPa	屈服强度 $R_{p0.2}$/MPa	伸长率 A/%	断面收缩率 Z/%
原始状态	1012	965	15.4	35.4
900℃、4h	1003	933	14.5	30.3
930℃、4h	997	929	14.5	32.0
960℃、4h	992	920	14.3	30.3

经过 960℃、4h 随炉热循环后的 TC4 合金高周疲劳寿命 S-N 曲线如图 4-52 所示,图中的箭头表示试样在当前应力水平下疲劳寿命超出 10^7 周次。将试验数据按照升降法进行配对,计算获得该状态下 TC4 合金的中值疲劳极限为 445MPa。在 450MPa 应力水平下有两个试样疲劳寿命越出,最大应力为 425MPa 时,连续 5 个试样的疲劳寿命全部越出,说明该状态下 TC4 合金在 10^7 周次条件下的疲劳极限不低于 425MPa。图中曲线为各应力水平下的平均疲劳寿命曲线,可见疲劳寿命随应力水平的降低而增大,与典型的钛合金疲劳行为一致,这是因为疲劳寿命由疲劳裂纹萌生阶段和疲劳寿命扩展阶段组成,对于高周疲劳来说,随着应力水平的降低,疲劳裂纹萌生阶段所占的比例逐渐增加,使得整体的疲劳寿命增加。另外,由图 4-52 可知,随着应力水平的降低,疲劳寿命分散性增大,在 450MPa 应力水平下,寿命最低仅为 429915 周次,最高则有两个试样的疲劳寿命超出 10^7 周次。

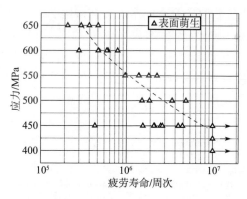

图 4-52　960℃、4h 随炉热循环后 TC4 合金高周疲劳寿命 S-N 曲线

经过 930℃、4h 随炉热循环后的 TC4 合金高周疲劳寿命 S-N 曲线如图 4-53 所示,计算可得该状态下 TC4 合金的中值疲劳极限为 455MPa。图 4-53 中平均疲劳寿命曲线表明,其疲劳寿命随应力水平的降低而增大,与 960℃、4h 热循环状态的规律一致。除 550MPa 应力水平以外,在其他所测试的应力水平下均有

试样的疲劳寿命超出 10^7 周次。其中,在 500MPa 应力水平下,测试 8 个相同的疲劳试样,1 个试样疲劳寿命超出 10^7 周次,最低疲劳寿命为 1255900 周次;在 475MPa 应力水平下,同样测试了 8 个疲劳试样,有 3 个试样疲劳寿命超出 10^7 周次,最低疲劳寿命为 2210800 周次;在 450MPa 应力水平下,测试了 10 个疲劳试样,有 4 个试样疲劳寿命超出 10^7 周次,最低疲劳寿命为 1961810 周次;在 425MPa 应力水平下,同样测试了 10 个疲劳试样,有 6 个试样的疲劳寿命超出 10^7 周次,剩余四个试样的最低疲劳寿命为 3571800 周次。由此可见,该状态下 TC4 合金的疲劳寿命分散性相对较大,其随应力水平变化的规律不明显。

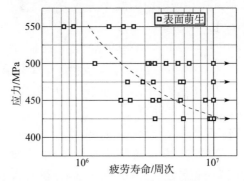

图 4-53　930℃、4h 随炉热循环后 TC4 合金高周疲劳寿命 S-N 曲线

经过 900℃、4h 随炉热循环后的 TC4 合金高周疲劳寿命 S-N 曲线如图 4-54 所示,计算可得该状态下 TC4 合金的中值疲劳极限为 430MPa。图 4-54 中平均疲劳寿命曲线表明,其疲劳寿命随应力水平的降低而增大,与经 960℃、4h,930℃、4h 随炉热循环后的趋势一致。由图 4-54 可知,900℃、4h 热循环后 TC4 合金各应力水平的疲劳寿命分散性都比较大。在 425MPa、450MPa 应力水平下,均有试样的疲劳寿命超出 10^7 周次,其中,在 450MPa 应力水平下,测试了 8 个相

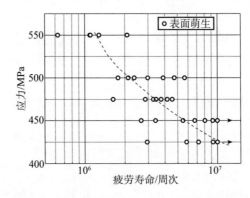

图 4-54　900℃、4h 随炉热循环后 TC4 合金高周疲劳寿命 S-N 曲线

同的疲劳试样,有 2 个试样疲劳寿命超出 10^7 周次,最低疲劳寿命为 2651377 周次;在 425MPa 应力水平下,测试了 10 个相同的疲劳试样,有 6 个试样疲劳寿命超出 10^7 周次,剩余四个试样的最低疲劳寿命为 2932228 周次。由此可见,经过 900℃、4h 随炉热循环后 TC4 合金的疲劳寿命分散性也比较大,其随应力水平变化的规律也不明显。

TC4 合金经过不同条件的随炉热循环后,轴向高周疲劳性能变化显著。经过 960℃、4h,930℃、4h,900℃、4h 热循环后,其中值疲劳极限分别为 445MPa、455MPa 和 430MPa,结合各状态下合金的疲劳寿命对比图(图 4-55),综合分析可知,对于随炉热循环 TC4 合金来说,930℃、4h 条件下的综合疲劳性能最好,优于 960℃、4h 和 900℃、4h 热循环状态。在钛合金高周疲劳损伤过程中,裂纹萌生阶段占据了大部分的疲劳寿命,此阶段主要是位错滑移与微裂纹形成。显微组织对钛合金疲劳裂纹萌生的影响主要由晶格强度和位错滑移程两个因素决定,晶格强度越高,位错滑移程越短,疲劳裂纹萌生越困难,高周疲劳性能越好。通过钛合金的屈服强度可以推断其晶格强度,本节中 TC4 合金经过不同随炉热循环后,材料的短时力学性能差别不大,抗拉强度、屈服强度均比较接近,表明由晶格强度因素对不同热循环态材料的高周疲劳性能变化的影响较弱。组织分析表明,经过 900℃、4h 热循环后,显微组织中初生 α 相平均晶粒尺寸基本不变,β 转变组织中的 α 板条厚度有所增大,仍然残留部分较大尺寸的长条状 α 相晶粒,造成组织分布不够均匀,高周疲劳寿命分散性大,疲劳性能没有达到最优。经过 930℃、4h 热循环后,显微组织由短条状初生 α 相晶粒与晶间 β 转变组织构成,基本实现等轴化,初生 α 相平均晶粒尺寸有所长大,相体积分数有所降低,约

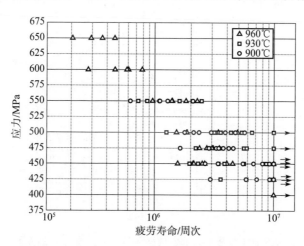

图 4-55　TC4 合金分别经过 960℃、4h,930℃、4h,900℃、4h 热循环后疲劳性能对比图

为 70%，虽然该状态下初生 α 相晶粒尺寸有所长大，但是组织基本实现等轴化，并且原材料中较大尺寸的长条状 α 晶粒不复存在，组织分布比较均匀，具有最好的高周疲劳性能，与经过 900℃、4h 热循环后相比，其疲劳寿命的分散性较小。经过 960℃、4h 热循环后，显微组织实现完全等轴化，组织分布更加均匀，有利于材料疲劳寿命分散性的降低，但是初生 α 相平均晶粒尺寸长大明显，相体积分数降低明显，约为 60%，β 转变组织体积分数相比于原材料增加明显，次生 α 相片层和其间残留的 β 片层相间排列，片层厚度增加，造成其高周疲劳性能有所下降。

对于韧性金属材料，通常认为其疲劳寿命分布满足正态分布，将疲劳失效累积概率通过正态分布的形式来表示，形成疲劳寿命失效累积概率分布空间。工程上安全分析与设计时通常采用失效概率 POF＝0.1% 对应的疲劳寿命来评估材料的最低安全寿命。本节中分别将经过 960℃、4h，930℃、4h，900℃、4h 热循环后 TC4 合金不同应力水平下的疲劳失效累积概率分布通过正态分布的形式绘制，所得其疲劳寿命失效累积概率分布（失效概率-疲劳寿命）如图 4-56 所示。

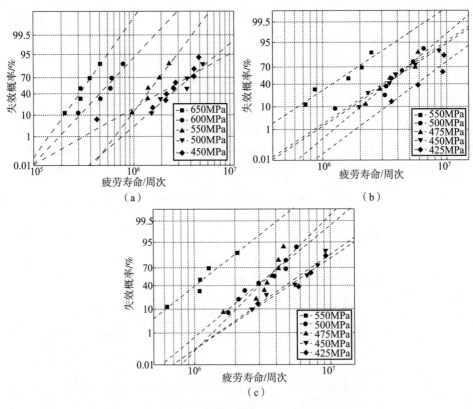

图 4-56　TC4 合金不同随炉热循环后疲劳失效累积概率分布图

(a)960℃、4h；(b)930℃、4h；(c)900℃、4h。

对不同状态试样各应力水平下疲劳失效的正态分布概率进行线性拟合,如图 4-56 中各虚线所示,结果表明,每个应力水平下各试样的疲劳失效概率都有较好的线性关系,表明在不同热循环态的疲劳寿命失效累积分布空间中,各应力水平下的疲劳试样具有相同的疲劳寿命分布模式。960℃、4h 热循环后,随着应力水平的降低,拟合直线的斜率总体趋于减小,表明其疲劳寿命的分散性增大;而 930℃、4h,900℃、4h 热循环后,随着应力水平的降低,拟合直线的斜率值均比较接近,未见明显的规律性,表明其疲劳寿命分散性随应力水平变化的规律不明显,与上述 S-N 曲线分析中所获规律一致。

　　TC4 合金经不同热循环后各应力水平下的疲劳寿命数据对比如图 4-57 所示,疲劳寿命数据包含最低疲劳寿命、平均疲劳寿命和 POF=0.1% 寿命。由图可知,不同应力水平下,930℃、4h 热循环态材料的平均疲劳寿命整体优于 960℃、4h 和 900℃、4h 两种热循环态材料,但是最低疲劳寿命并没有相同的趋

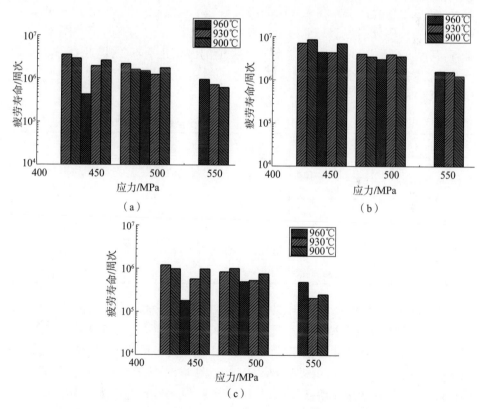

图 4-57　TC4 合金经不同热循环后各应力水平的疲劳寿命数据对比图
(a)最低疲劳寿命;(b)平均疲劳寿命;(c)POF=0.1%寿命。

势,相比于平均疲劳寿命,最低疲劳寿命的随机性较大。而 POF＝0.1% 寿命和最低疲劳寿命值具有一定相关性,两者变化趋势相似。

4.3.2 含扩散连接界面缺陷的材料性能

超塑成形/扩散连接技术应用领域已经逐渐由非承力或次承力结构扩展到主承力部件、转动部件甚至热端转动部件,其力学性能尤其是抗疲劳性能已成为结构可靠性的重要评价指标。虽然目前扩散连接技术水平能够实现大面积高精度连接,但仍可能出现孔洞、未焊合或弱连接等扩散连接界面缺陷,易造成局部应力集中,影响零件的性能和可靠性。因此,关于界面缺陷对合金性能和损伤机理的影响规律研究,具有重要意义。

通过室温拉伸试验测得含扩散连接界面缺陷的 TC4 合金的拉伸性能如表 4-3 所示。同时,扩散后无缺陷材料性能也列入作为对比。由表可知,含 ϕ4mm 扩散连接界面缺陷和无界面缺陷材料的平均抗拉强度分别为 995MPa 与 980MPa,伸长率分别为 15.7% 与 15.1%,基本相当。由于缺陷平面与拉伸方向平行,其厚度仅为 100μm 以下,样品受力截面的面积几乎不变,因此对样品静强度及伸长率的影响很小,其拉伸断口的缺陷附近仍然显示出大量韧窝,如图 4-58 所示。

表 4-3 TC4 合金室温拉伸性能

材料	R_m/MPa	平均抗拉强度/MPa	A/%	平均伸长率/%
含 ϕ4mm 缺陷材料	997	995	17	15.7
	996		15.6	
	993		14.4	
无界面 缺陷材料	976	980	15.1	15.1
	977		15.7	
	988		14.3	

含 ϕ4mm 扩散连接界面缺陷的 TC4 合金的疲劳寿命 S-N 曲线如图 4-59 所示。将试验数据按照升降法进行配对处理计算得到其中值疲劳极限为 423MPa (区域Ⅰ),疲劳裂纹萌生于缺陷处的样品的中值疲劳极限为 393MPa(区域Ⅱ),而所有疲劳样品的中值疲劳极限为 402MPa。图 4-59 显示含 ϕ4mm 内部界面缺陷钛合金试样的疲劳寿命展现出较大的分散性,从裂纹萌生位置与寿命的关系可将含内部缺陷试样 S-N 分布划分为Ⅰ和Ⅱ两个区域。平行于疲劳载荷方向的界面缺陷并未成为疲劳裂纹萌生的唯一位置。从表面起裂的样品均处于高寿命区域(区域Ⅰ);而从缺陷处起裂的样品均落于较低寿命区域(区域Ⅱ),仅有

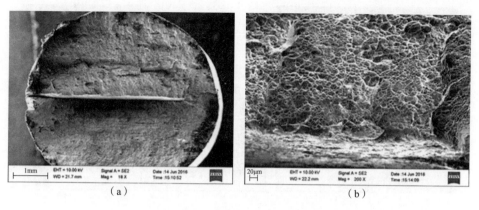

图 4-58 含 φ4mm 界面缺陷的 TC4 合金拉伸断口

(a)宏观形貌;(b)缺陷边缘。

一个样品例外。需要指出的是,由于试棒加工的误差,扩散连接缺陷并不全都位于试棒中心,部分试样缺陷偏离中间位置,目前试验测试数据尚不能验证缺陷位置对寿命的影响程度。

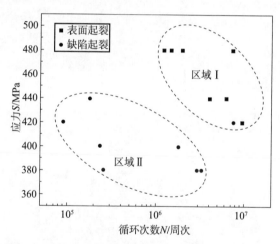

图 4-59 含 φ4mm 界面缺陷的 TC4 合金 S-N 曲线(应力比 R=-1)

含 φ4mm 扩散连接界面缺陷的 TC4 合金轴向高周疲劳三种典型断口光学显微镜及裂纹萌生区 SEM 照片如图 4-60 所示。在应力比 R=-1 载荷作用下,疲劳试样受到循环拉压应力作用,断口在实验过程中的闭合造成萌生区域有磨损痕迹。三种典型疲劳断口具有清晰河流状扩展纹路,断口分为裂纹源区、扩展区和瞬断区。但三种典型试样疲劳裂纹源位置却有所不同,其中,如图 4-60(a)所示,试样疲劳裂纹萌生在试样外表面(样品位于图 4-59 S-N 分

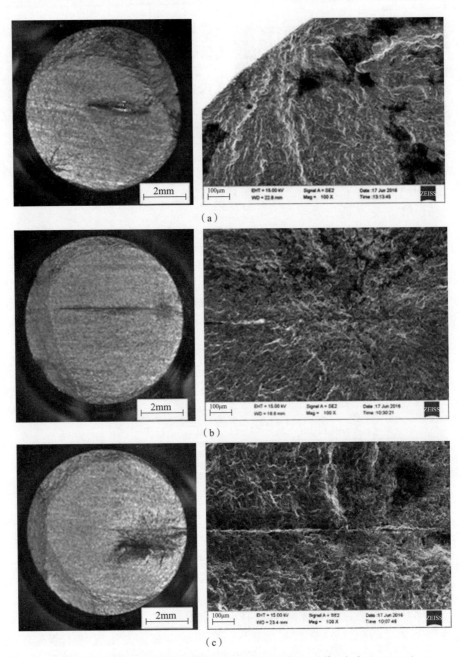

图 4-60　含有 ϕ4mm 界面缺陷 TC4 合金疲劳断口形貌(应力比 $R=-1$)

(a)表面裂纹源,$\sigma_{max}=440$MPa,$N=4074900$ 周次;

(b)缺陷位于中心且为裂纹源,$\sigma_{max}=400$MPa,$N=1826100$ 周次;

(c)缺陷偏离中心且为裂纹源,$\sigma_{max}=380$MPa,$N=3334500$。

布图中的区域Ⅰ），如图 4-60（b）所示试样疲劳裂纹萌生于内部缺陷尖端处（样品位于图 4-59 S-N 分布图中的区域Ⅱ），如图 4-60（c）所示试样由于缺陷偏移中心位置疲劳裂纹萌生于内部缺陷界面处（样品位于图 4-59 S-N 分布图中的区域Ⅱ）。图 4-60（a）中疲劳裂纹萌生于钛合金试样自由外表面，通过外表面位错滑移堆积作用引起裂纹形核和微裂纹扩展；进入稳态扩展区，硬质内部缺陷对裂纹尖端扩展起到一定阻碍作用，疲劳裂纹需绕过硬质内部缺陷或分离界面缺陷。图 4-60（b）中断口形貌可清晰观察到疲劳裂纹萌生于界面缺陷尖端边界，呈点状，疲劳断口呈现单个"鱼眼"特征裂纹源；微裂纹在裂纹源向上、下两侧和右侧扩展形成了一个色度较暗的微裂纹扩展区。在交变循环载荷继续作用下，裂纹进入了稳态扩展区，裂纹扩展过程中硬质界面缺陷填充物会起到阻碍作用。

一般来说，光滑且内部连续的试样受到轴向疲劳载荷作用时裂纹源通常位于试样表面，这是由于表面位错滑移堆积作用引起裂纹形核。但材料内部存在不连续（如缺陷）时，通常也会造成不同程度的应力集中，其程度与缺陷的大小、形状与分布密切相关。采用有限元方法模拟了内部含 ϕ4mm 扩散连接界面缺陷的 TC4 合金试样在轴向恒幅交变载荷加载过程中的应力分布，获得了缺陷位于中间位置（图 4-61（a）、（b））及边缘位置（图 4-61（c）、（d））受到最大拉应力及最大压应力作用下内部缺陷附近的米塞斯应力分布。位于试样中心位置的界面缺陷受到与其平面平行的交变载荷作用时，缺陷边缘形成一定应力集中，但与试样表面应力水平相当，疲劳试样沙漏处应力梯度较小。如模拟结果所示，偏离中心位置的界面缺陷（图 4-61（c）、（d））受与平面平行的交变载荷作用时，在靠近试样表面的缺陷处形成了较缺陷位于中心位置处更大的应力集中，缺陷边缘应力大于试样表面 15MPa，同时疲劳试样沙漏处应力梯度增大。在这两种情况下，试样表面的应力与缺陷尖端的应力差别并不明显（约为 3%），因此界面缺陷并未导致所有裂纹源移至其尖端处。需要指出的是，平面与轴向载荷平行的内部缺陷（ϕ4mm，厚度为 0.05～0.1mm）引起应力集中程度远小于通孔应力集中效应（应力集中系数 $K_t=3$）。由含界面缺陷交变载荷作用下有限元模拟应力分布的结果可知，界面缺陷边界附近形成一定的应力集中且缺陷偏移中心应力集中效应明显。这种界面缺陷在连续均质材料中的引入导致高周疲劳振动时试样外表面及内表面均可能成为裂纹源，因此含扩散连接界面缺陷的试样高周疲劳测试数据分散性较大。

相比于传统内部连续外部光滑的钛合金高周疲劳测试，引入平面与应力轴平行的内部缺陷和位置变化增加内部界面及尖端效应，并造成试样疲劳载荷作用下考核区的应力场重新分布。同时这种应力集中效应远小于缺陷平面与轴向垂直及通孔应力集中效应,并受制于缺陷大小、缺陷位置等边界条件。因此含内部扩散连接界面缺陷钛合金试样的高周疲劳裂纹萌生机制、失效机制呈现迥异,并造成高周疲劳寿命数据分散等现象,其中失效机制仍有待进一步考证。

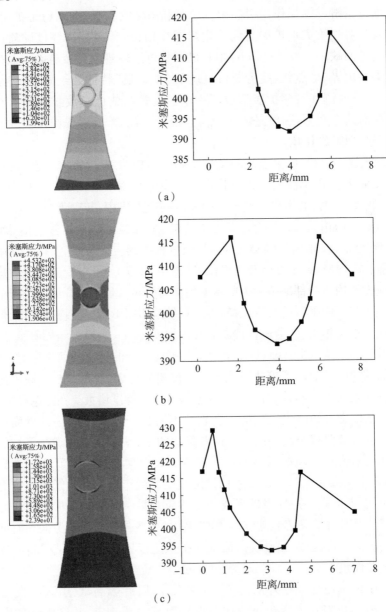

（a）

（b）

（c）

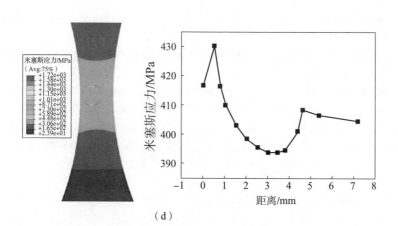

（d）

图 4-61 TC4 合金疲劳过程中缺陷区域应力分布的有限元模拟（应力比 $R=-1$）

（a）最大拉应力缺陷附近应力云图；（b）最大压应力缺陷附近应力云图；

（c）缺陷偏移时最大拉应力缺陷附近应力云图；（d）缺陷偏移时最大压应力缺陷附近应力云图。

参考文献

[1] 吴诗惇. 金属超塑性变形理论[M]. 北京:国防工业出版社,1997.

[2] 林兆荣. 金属超塑性成形原理及应用[M]. 北京:航空工业出版社,1990.

[3] NIEH T G. Superplasticity in metals and ceramics[M]. Cambridge:Cambridge University Press,1997.

[4] 李志强,郭和平. 超塑成形/扩散连接技术的应用进展和发展趋势[J]. 航空制造技术,2010(8):32-35.

[5] 张凯锋,王国峰. 先进材料超塑成形技术[M]. 北京:科学出版社,2012.

[6] 卡依勃舍夫 C A. 金属的塑性和超塑性[M]. 王燕文,译. 北京:机械工业出版社,1982.

[7] 李志强,郭和平. 超塑成形/扩散连接技术的应用与发展现状[J]. 航空制造技术,2004(11):50-52.

[8] 文九巴,杨蕴林,杨永顺,等. 超塑性应用技术[M]. 北京:机械工业出版社,2005.

[9] 赵文娟,丁桦,曹富荣,等. Ti-6Al-4V 合金超塑性变形中的组织演变及变形机制[J]. 中国有色金属学报,2007,17(12):1973-1980.

[10] LIXIA MA LX,WAN M,WEIDONG LI W D,et al. On the superplastic deformation mechanisms of near-α TNW700 titanium alloy[J]. Journal of Materials Science & Technology,2022,108:173-185.

[11] 黄钢华. 钛合金超塑性成形/扩散连接的数值模拟及工艺研究[D]. 南京:南京航空航天大学,2009.

[12] 潘金生. 材料科学基础[M]. 北京:清华大学出版社,2000.

[13] 王向明,刘文珽. 飞机钛合金结构设计与应用[M]. 北京:国防工业出版社,2010.

[14] Zhao B,Li Z Q,Hou H L,et al. Three Dimensional FEM Simulation of Titanium Hollow Blade Forming Process[J]. Rare Metal Materials and Engineering,2010,39(6):963-968.

[15] 郭和平,曾元松,韩秀全,等. 飞机钛合金整体结构的超塑成形/焊接组合工艺技术[J]. 焊接,2008(11):41-45.

[16] QIANG G G ,SHENG L D ,QIANG L X ,et al. Simulation and Experiment Investigation on Superplastic

Forming/Diffusion Bonding Process of a Ti-6Al-4V Alloy Rear Fuselage Part[J]. Defect and Diffusion Forum,2018,385:407-412.

[17] 赵冰,李志强,韩秀全,等. 基于刚黏塑性本构关系的钛合金空心整体结构成形过程三维有限元分析[J]. 金属学报,2010(04):14-21.

[18] YOON J H,LEE H S,YI Y M,et al. Finite Element Analysis on Superplastic Blow Forming of Ti6Al4V Multi-Sheets[J]. Materials Science Forum,2007,546-549:1361-1366.

[19] 张九海,何鹏. 扩散连接接头行为数值模拟的发展现状[J]. 焊接学报,2000(04):84-91,101.

[20] 沈俊军. TC4钛合金扩散连接界面特征及孔洞闭合数值模拟[D]. 哈尔滨:哈尔滨工业大学,2007.

[21] 张顺. 基于分子动力学的钛合金扩散连接过程及力学性能研究[D]. 南京:南京航空航天大学,2018.

[22] LIU Y X,CHEN W,LI Z Q,et al. The HCF behavior and life variability of a Ti-6Al-4V alloy with transverse texture[J]. International Journal of Fatigue,2016,23(97):79-87.

[23] JHA S K,SZCZEPANSKI C J,JOHN R,et al. Deformation heterogeneities and their role in life-limiting fatigue failures in a two-phase titanium alloy[J]. Acta Materialia,2015,82:378-395.

[24] SCHIJVE J. Fatigue of structures and materials[M]. Dordrecht:Kluwer Academic,2001.

[25] WU G Q,SHI C L,SHA W,et al. Effect of microstructure on the fatigue properties of Ti – 6Al – 4V titanium alloys[J]. Materials & Design,2013,46(2):668-674.

[26] 高镇同,熊峻江. 疲劳可靠性[M]. 北京:北京航空航天大学出版社,2000.

[27] SAFIULLIN R V,KAIBYSHEV O A,LUTFULLIN R Y,et al. Solid State Joint Formation Under Conditions of the Process of Superplastic Forming and Diffusion Bonding[J]. Materials Science Forum,1994,170-172:639-644.

[28] 邓武警,邵杰,陈玮,等. 界面缺陷对钛合金扩散焊接头高周疲劳行为的影响[J]. 航空制造技术,2020,63(22):78-83.

[29] 邓武警,陈玮,李志强,等. 扩散连接界面缺陷对Ti-6Al-4V合金力学性能的影响[J]. 航空制造技术,2017(18):74-78.

第5章
超塑成形/扩散连接结构检测方法

通过超塑成形/扩散连接(SPF/DB)工艺制造的单层板结构和两层板结构常用于次承力或非承力结构,通常仅对零部件外形精度提出要求;三层板结构和四层板结构常用于主承载结构,既要求零件外形精度高,又要求内部结构的设计-制造符合性好,内外残余应力分布合理。SPF/DB 结构制造工序长,部分制造环节的质量控制依赖于工艺及其稳定性,焊接界面一致性、内外型几何精度、内部残余应力控制难度大。通过在工件制造过程设制检测工序,避免将缺陷带入后续制造环节中,确保最终零件性能。本章重点介绍了外形轮廓、内部结构、扩散连接界面质量、残余应力等检测方法。

5.1 外形检测方法

SPF/DB 结构的检测任务分为最终检测和制造过程中的检测。高温环境造成工件表面材料氧化以及制造过程中对工件材料的逐步去除均会破坏在毛坯上设置的初始基准,给后续工序中的机械加工以及外形测量造成困难,针对初始加工基准被破坏的特点,需要在外形检测前重构基准原点和测量坐标系,测量完成后利用重构的坐标系和理论坐标系之间的变换关系将测量数据和理论模型之间进行最佳匹配,进而评价工件或零件的几何以及轮廓精度;在测量发动机静、转子叶片一类零部件中,还面临着工件外表面不同区域的曲率差异大、零件之间外形偏差大的特点,给接触式测量方法造成了较大的困难,需要结合待测零件的特点设置测量参数,单个零件的检测效率低。因此,在选择外形检测方法时需要基于测量精度和周期需求,并结合工件在制造过程中不同阶段外形的特点,从准样板法、坐标检测方法、光学扫描仪法等测量方法中挑选出合适的检测方法。

📐 5.1.1 坐标检测方法

坐标测量法属于接触式测量法的一种,典型的检测设备为三坐标测量机(图 5-1),测量过程中,传感器通过与零件的物理接触获得点位置信息。这种测量设备的优点为技术成熟、测量精度高,对复杂外形零件的几何测量精度可以达到 $1.0\mu m$,满足了常见航空航天零件几何尺寸的检测需求;该方法的准备工作量大,需要基于零件特点和测量要求规划测量路径、编写测量程序,准备时间较长,此外,对设备的安装条件要求严格,使用和维护成本较高,被测零件尺寸通常受到设备测量空间的限制。

坐标测量的主要过程如下:将被测零件置于坐标测量设备的测量空间中,根据检测要求和理论模型规划测量点数量和测量路径,计算获得被

图 5-1 三坐标测量机

测零件上各点的坐标位置,在检测获得点的坐标信息后通过数学运算,求解出被测零件的几何尺寸、形状和位置特征。等高法是一种常用的测量方法:根据被测物的外形特征,选取一系列的等高度平面;在每个等高平面上选取多个测量点,根据理论模型计算获得测量点的法线方向,沿着法线方向设置测量头的回退点和定位点;检测时,测量头先移动到测量位置的定位点处,随后,测量头沿着法线方向慢速移动,直至接触零件,随后,测量头慢速回退到回退点,通过这一过程获得此测量点的坐标数据信息;接下来,测量头移至下一个测点位置,重复上述过程完成下一个坐标的测量,不断重复该过程,直至完成全部坐标检测任务。

当零件外形复杂或基准缺失时,首先通过找正被测零件基准面,建立测量坐标系,使用坐标变换,令测量坐标系与理论模型的坐标系重合,这通常是超塑成形扩散连接零件外形测量的第一步,若测量对象为工件,常用做法是利用工件近无余量区域的外形数据建立基准坐标系,若测量对象为最终零件,则通过刚性较好、几何规则的机械加工区域的外形数据建立基准坐标系;随后,规划测量轨迹、生成测量代码,计算机按照程序完成测量;最后,将测量数据与理论模型进行比对,获取被测零件外形数据与理论模型之间的偏差。坐标测量流程如图 5-2 所示,图中 A_i 为回退点,B_i 为定位点,C_i 为理论的测量位置。

坐标法测试方法的准备时间长,测量头逐点测量,效率低,如果避开这两个缺点将能够显著提高测量效率,在这一思路的指引下发展出了光学测量技术,如

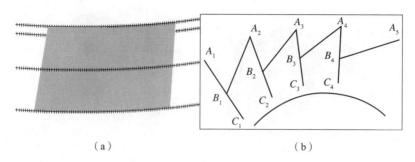

图 5-2　坐标检测方法的测量流程
(a)生成测量点；(b)测量轨迹规划。

双目视觉测量、激光关节臂测量方法等,光学测量设备中的测量头不会与零件发生物理接触,避免了相互碰撞、导致设备损伤的风险,降低了测量前的准备工作量、缩短了准备周期,光学测量方法采用图像或线扫描的方式获取被测零件外形几何数据,数据采集周期短;该方法对被测零件的尺寸一般没有限制,且对环境的适应性较好,这些特点赋予了光学检测方法较高的检测效率和灵活性,在SPF/DB 结构制造中,该方法广泛应用于工装模具、工件等对外形检测精度要求相对不高的环节。

5.1.2　光学检测方法

双目视觉测量方法的工作特点为将测量用的光栅投射至被测工件表面,由摄像机记录光栅影像,基于光学三角形原理,经数码影像处理器处理数据,计算出被测工件的点云坐标。当被测零件的外形复杂、表面状态较差时,通过在被测物表面均匀涂覆显像剂提高测量精度,若被测量零件尺寸较大,导致测量区域超出摄像机的图像捕获范围时,可先进行分区测量,再将多个区域数据拼接,从而获得整体的信息。

双目视觉方法测量效率高,测量精度低于坐标测量方法,被测量物具有尖锐的外形特征时,容易出现数据点丢失,造成测量数据孔洞的现象,降低了这些区域的测量精度,在工程应用中需要避免。

双目视觉测量方法在 SPF/DB 结构外形测量中得到了应用(图 5-3(a)),使用高像素单反相机(图 5-3(b))对被测零件(图 5-4(a))所有标识点进行拍摄;拍摄图像数据通过软件处理,构建出了测量坐标系,计算获得标识点的坐标信息,在全局坐标系下完成零件外形数据的拼接,测量结果如图 5-4(b)、(c)所示,单个工件的测量时间少于 10min。

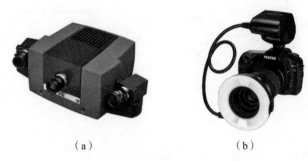

（a）　　　　　　　　　　　　（b）

图 5-3　光学检测设备

（a）双目视觉测量设备；（b）单反相机。

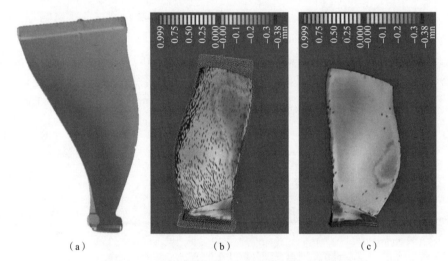

（a）　　　　　　　　（b）　　　　　　　　（c）

图 5-4　复杂弯扭型面工件的双目视觉测量结果

（a）被测工件；（b）凹面测量数据及偏差结构；（c）凸面测量数据及偏差结构。

5.2　内部结构检测方法

　　SPF/DB 结构内部结构缺陷主要有 6 类：蒙皮厚度偏离，桁架局部减薄，桁架扭曲，焊接界面尺寸偏离，焊接位置偏离，桁架与蒙皮之间夹角偏离等，上述偏离影响结构承载性能，是关键检测项目。空心夹层结构通常是封闭的，这是检测面临主要困难，这类结构难以通过目视或借助内窥镜观察内部结构的几何特征并测量内形精度，因此，主要采用高能射线、超声波等途径，常见的无损检测方法有 CT 检测、X 射线检测等。

▲5.2.1 X射线检测方法

X射线在穿过被测零件时,射线信号强度受到材料厚度影响,信号被传感器接收后成像出灰度图像,图像的灰度值反映出被测零件的厚度特征。X射线检测方法主要分为X射线照相检测技术和X射线实时成像检测技术两类。X射线照相检测技术主要用于结构件静态成像检测,包括胶片法射线照相和数字射线照相技术;实时成像方法主要用于结构件实时或近实时动态成像检测,包括图像增强器和数字成像板实时成像技术,检测速度快。

X射线检测属于投影测量,零件在三维空间中的集合信息被投影呈现在二维图像上,由立体至平面的投影关系导致基于图像上测量获得几何尺寸与真实值之间存在较大的误差。这种检测方法对于零件壁厚尺寸敏感,适用于封闭结构内部材料厚度一致性检测,此外,该方法的准备工作简单,检测效率高,工程应用较多,通常将X射线检测工作设置于超塑成形工序后,对工件内部结构成形质量定性判读。

X射线检测方法常用检测SPF/DB结构内部桁架局部减薄,桁架扭曲等特征。图5-5、图5-6为某空心夹层结构的X射线图像,图像中显示有多条与零件长度方向平行的高亮度线条,反映出部分桁架在其与蒙皮交点附近存在局部减薄。

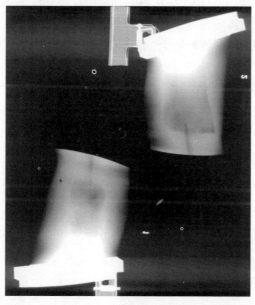

图5-5 空心夹层结构X射线照片(白色区域为实体区,白色区域内部为空腔区)

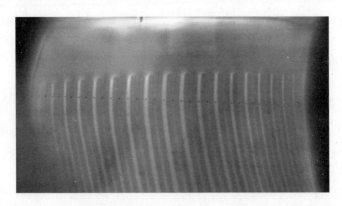

图 5-6　空心夹层结构 X 射线照片（部分区域有明亮曲线特征，
为桁架-蒙皮交点附近的桁架颈缩导致）

5.2.2　CT 检测方法

　　CT 检测方法为空心夹层内部结构精确检测提供了途径，但这类设备的建设和使用成本高，测量的时间较长，多用于 SPF/DB 结构初始研发阶段，支撑结构设计与工艺优化；在零件制造批产状态时，主要用于抽检验证；此外，该方法也是故障零件的分析有力助手。

　　CT 检测方法提供了一种使结构内部几何特征可视化的途径，该方法利用材料厚度对射线强度的影响规律生成灰度图像，显示测量平面上材料的分布，图像中深色的区域表明材料厚度尺寸大。测量平面内零部件材料厚度差异大以及图像显示参数的调整均会影响到材料边界的判定，可制备与被测物几何材料相同、厚度相似的标定试块，优化 CT 检测参数和图像显示参数，以确保长度、厚度等几何量的测量精度，用于测量角度等相对位置几何特征则不需要标定。图 5-7 所示为钛合金三层板结构等高截面的图像，可直观获得三个区域蒙皮厚度的变化规律以及蒙皮与桁架之间的夹角。

底部　　　　　　　　中部　　　　　　　　　　　　　顶部

图 5-7　空心夹层结构等高截面的图像

图 5-8 所示为 CT 检测空心夹层结构疲劳破坏后的裂纹特征,图 5-8(a)所示为垂直于试验件厚度方向截面的图像,图中黑色细线为裂纹,从中可获得裂纹数量,位置和长度信息,从图 5-8(b)所示为垂直于高度方向截面信息,可以看出

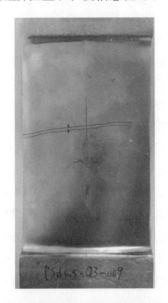

(a)

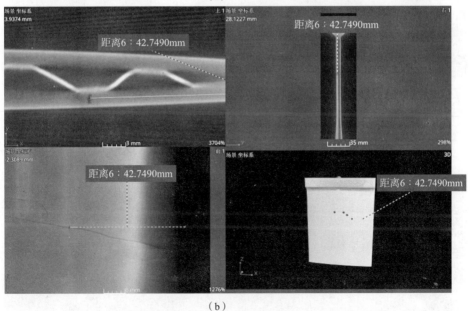

(b)

图 5-8　CT 检测空心夹层结构疲劳破坏后的裂纹特点

(a)宏观破坏特点及裂纹横切面特征;(b)裂纹纵切面特征。

裂纹已经穿透了蒙皮,在结构内部表面存在与厚度方向垂直的黑色矩形区域,表明该区域可能为裂纹萌生位置。CT 检测技术提供了试验件破坏最后阶段的几何特征,这些信息对后续失效分析工作具有重要的参考作用。

近年来,发展出了三维 CT 测量方法,该方法依托 CT 测量获得的一系列平面数据,构建出被测零件的三维数字模型,提高了 CT 检测数据的可视化水平,并能够通过三维数字模型快速获得零件任意界面上的几何特征,极大地提高了分析的灵活性。

三维 CT 测量设备一般提供三维锥束扫描、大视野扫描和螺旋锥束三种扫描功能。三维锥束扫描方式检测时间较短、成本较低,工程中最为常用,射线的能量水平决定了能够测量的最大厚度,对于使用钛合金材料制造的宽度约为 300mm,外轮廓最大厚度约为 15mm,单侧壁厚约为 2.5mm,内部空腔最大高度为 10mm 的空心夹层结构,采用具有 450kV 常规能量面阵以及 6MeV 和 9MeV 高能加速器面阵的工业 CT 系统测量,可以获得质量较好的截面图像特征,如被测零件长度方向尺寸参数超出设备测量范围时,可利用几何相似原理将多次测量数据拼接,软件将基于测量数据自动建立三维数字模型,如图 5-9 所示,进而可以获得任意等高截面的几何特征,此外,还能分析任意方向截面的几何特征。

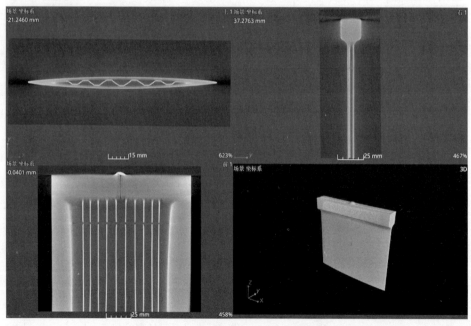

图 5-9　空心夹层结构 CT 检测结果及三维数字模型重构模型

5.3 扩散连接界面质量检测方法

常见的空心夹层结构中扩散连接界面的面积从数百平方毫米至数平方米不等,从结构设计和强度的角度出发,希望全部扩散连接区域均能达到冶金学程度上的结合强度,并且希望不同零件之间的扩散连接界面质量一致,这样的要求难以在工程中实现,多因素作用下,在设计指定的扩散连接的区域中可能出现位置、尺寸随机的界面缺陷,从垂直于扩散连接界面法向的方向上观察,缺陷高度在 0.01~0.1mm 之间,因此,界面缺陷的几何特征与初始裂纹几何特征相似。

通过结构设计、制造和检测环节优化扩散连接界面位置以及控制界面缺陷尺寸,可避免零件在承受交变载荷时界面缺陷扩展形成裂纹,保证结构服役安全。结构设计阶段,将结构中可能出现的界面缺陷加以考虑,在结构重量、承载需求的约束下设计扩散连接位置并给出缺陷尺寸的许可值,如对于结构中承载应力较高的区域,可将扩散连接界面设置在结构内部,或与结构表面距离较深,以降低扩散连接界面上的应力水平,即使存在一定尺寸缺陷,其也不会在服役过程中扩展形成裂纹;在制造环节,通过优化工艺参数和扩散连接过程,确保扩散连接界面质量满足要求并保证其稳定、一致;在扩散连接界面质量检测环节,通过精确识别出缺陷的尺寸和位置,保证零部件中的缺陷都在设计的允许范围内。三个环节中"检测"是基础与核心,在研制阶段,其数据将支撑缺陷阈值的制定过程;在批产环节,其数据是判断零部件是否合格的依据;在外场服役过程中,其数据是零部件安全性、能否继续服役的判据。

扩散连接界面一般在空心夹层结构内部,难以直接测量,工程中利用扩散连接界面缺陷在垂直于界面方向上存在几何不连续的特征,通过测量厚度变化确定缺陷位置和大小,常用于的方法有水浸超声波检测、显微 CT 检测和金相检测等,前两项为无损检测方法。

▲5.3.1 无损检测方法

工程中,普遍使用超声波检测方法评价 SPF/DB 零件的焊接界面质量,水浸超声是最常用的一种,其使用水作为耦合剂,检测时零件完全浸没于水中,探头发出超声波信号,信号沿着垂直于扩散连接界面的方向进入零件,超声波信号被缺陷或者结构内部表面反射后,导致缺陷与焊合区之间信号差异,从而识别结构的内部特征,这种检测方法又被称为纵波垂直反射法。通过两种途径可以提高该方法的识别缺陷能力:一种为提高增益,该途径理论上可以提高对小尺寸缺陷的识别能力,但同时也导致噪声水平提高,容易湮没小尺寸缺陷的信号;另一种途径为优化超声波频率,以及采用预制缺陷标样校准。水浸超声检测设备和典型声波信号如图 5-10 所示。

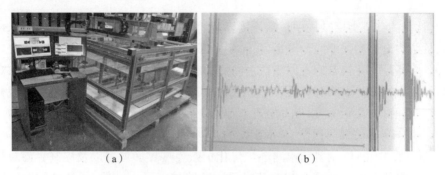

（a） （b）

图 5-10 水浸超声检测设备和典型声波信号
(a)检测设备;(b)典型声波信号。

预制缺陷标样外形通常为圆柱体,底部有圆柱形盲孔,盲孔的底部为平面,这种特征与缺陷特点一致,因此,又称该试样为平底孔标样。平底孔的直径和圆柱体的高度依据需要检测缺陷的尺寸和位置特征,但其尺寸通常比要求检测的尺寸小一个数量级。利用预制平底孔标样扫描检测数据,优化探头频率等测试参数,获得高精度扩散连接界面缺陷的检测方法。某型结构材料为 TC4 合金,使用平底孔直径为 0.8mm,圆柱体高度分别为 5mm 和 70mm 的标样优化测试参数,可将探测精度提高至 0.01mm^2,图 5-11 所示为预制平底孔标样的超声信号,采用超声波 C 扫描成像测试该标样图像如图 5-12 所示。

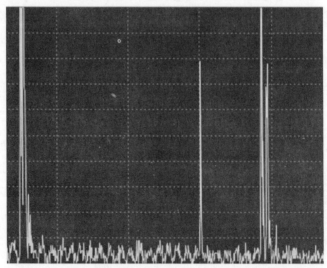

图 5-11 平底孔直径为 0.8mm,圆柱长度为 70mm 标样超声信号

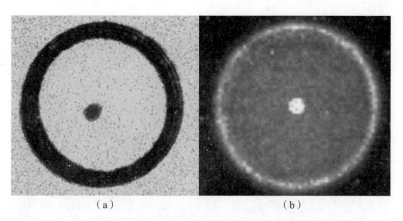

（a）　　　　　　　　　　　　　（b）

图 5-12　TC4 合金平底孔标样超声波 C 扫描成像结果

（a）平底孔直径为 0.8mm，圆柱长度为 5mm；（b）平底孔直径为 0.8mm，圆柱长度为 70mm。

　　纵波垂直反射法要求声波入射方向垂直于扩散连接界面，但工件外形复杂，扩散连接界面位于结构的厚度中点，导致工件表面和扩散连接界面之间存在夹角，难以严格满足要求，针对这一问题，可以通过优化工件外形，降低工件表面与扩散连接界面之间的夹角，待检测完毕后再通过加工去除增加的材料，获得零件的最终外形，如图 5-13 所示；当不能使用上述方法时，可基于工件的外形特征制备斜角试块，优化超声波非垂直入射时的检测参数，斜角试块外形如图 5-14 所示。典型的超声波 C 扫描图像特征如图 5-15 所示。

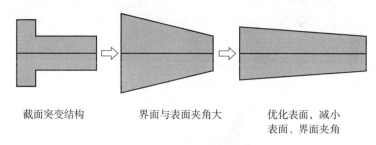

截面突变结构　　　　　界面与表面夹角大　　　　优化表面，减小
　　　　　　　　　　　　　　　　　　　　　　　表面、界面夹角

图 5-13　优化工件外形——降低表面与扩散连接界面之间夹角

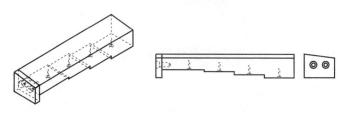

图 5-14　斜角试件

图 5-15　超声波 C 扫描成像结果(获得扩散连接界面焊合数据)

　　近年来,研制出了超声波相控阵检测方法,采用了新型耦合剂,不再需要将被测零件全部浸没于水中,显著提高了检测灵活性,新检测方法采用了相控阵列超声波探头,提高了检测速度(图 5-16(a)),该方法的检测精度与水浸超声波

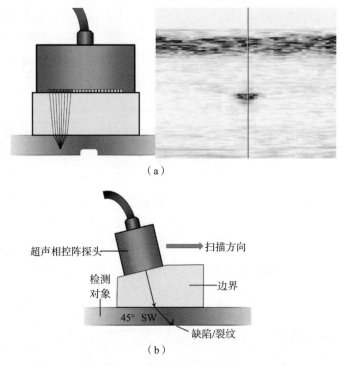

图 5-16　超声波相控阵检测方法
(a)检测扩散连接界面缺陷;(b)检测从内部表面萌生、沿厚度方向扩展的裂纹。

检测方法相当,通过斜角探头,使声波入射方向与被测零件表面法向成一定的角度,能够检测萌生于零件内部表面,并且扩展方向与承载展向相垂直的裂纹(图 5-16(b)),扩大了该方法的检测范围,对提高空心夹层零件可靠性具有重要意义。

显微 CT 检测方法是试验室条件下检测扩散连接界面缺陷的一种方法,该方法能够获得缺陷的三维图像,测量精度较高,将三维成像数据与 CAD/FE 建模方法相结合,可以获得缺陷的三维特征,便于进一步建立分析模型,对研究扩散连接界面缺陷的三维特征、力学性能具有较大优势。这种方法的不足为对被测试样的尺寸有严格的限制,一般不能超过 $\phi 10\text{mm} \times 100\text{mm}$。采用显微 CT 检测方法获得的扩散连接界面缺陷图像如图 5-17 所示。

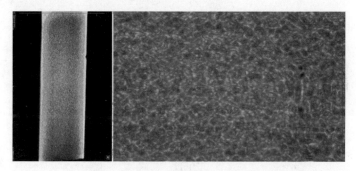

图 5-17　显微 CT 检测结果(获得扩散连接界面缺陷特征)

5.3.2　金相检测方法

金相检测方法常用于分析材料的显微组织,也可用于评价扩散连接界面质量,这是一种有损的检测方法,该方法在零部件研制阶段支撑工艺参数优化,在批产阶段用于抽检验证工件质量符合性和一致性,在失效分析阶段评价零件局部焊接界面的质量。如图 5-18 所示,通过切割零部件并局部取样,将取样制作成金相试样,使用金相显微镜检测,该方法能够直观地获得缺陷的几何特征并定量测量其二维尺寸,扩散连接缺陷如图 5-19 所示,图中展示了常见的三类缺陷:

(1) 孤立型缺陷,部分缺陷的截面近似为圆形,直径为 $10\mu\text{m}$ 左右,部分缺陷为条状,高度为 $10\mu\text{m}$ 左右,宽度为 $50\mu\text{m}$ 左右;

(2) 弥散型缺陷,显微镜视场内有多个孤立的点状缺陷,部分为圆形,部分近似为条状;

(3) 大尺寸缺陷,其高度为 $10\mu\text{m}$ 左右,长度大于 $100\mu\text{m}$。

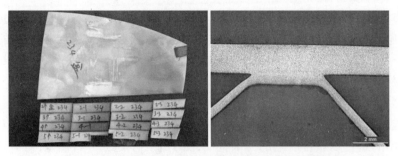

图 5-18　使用线切割对空心夹层结构取样,制备金相试样

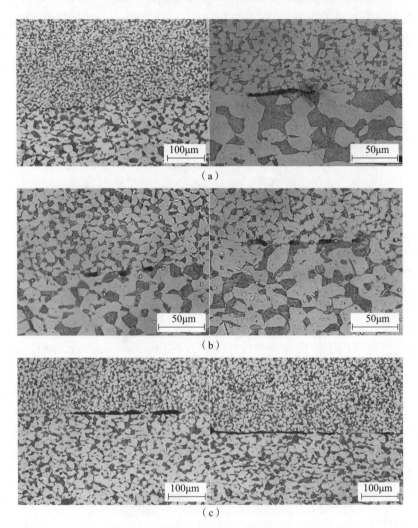

(a)

(b)

(c)

图 5-19　扩散连接界面缺陷特征

(a)孤立型缺陷;(b)弥散型缺陷;(c)大尺寸缺陷。

金相检测方法能够获得缺陷的二维尺寸参数,分别为缺陷的长度和高度,在获得缺陷的长度尺寸数据后,常用焊合率来表征焊接界面的质量,计算方法如下式所示:

$$焊合率 = \frac{扩散连接界面线长度 - 未焊合区域线长度}{扩散连接界面线长度} \times 100\% \qquad (5-1)$$

5.4　结构残余应力检测及预测

空心夹层结构内部的残余应力主要产生于热加工和表面强化工序,这类结构的刚性较弱,残余应力对零件外形精度和承受周期载荷的性能的影响显著,但残余应力大小和分布的精确测试和控制难度大。

热加工过程中,毛坯被置于高温环境并在气压加载下产生塑性变形,在气压保载过程中发生蠕变变形,使内部应力松弛,理论上不会产生残余应力;成形后,零件冷却出炉,由于模具和工件冷却速度差异以及材料膨胀系数差异,模具抱紧并挤压工件,产生残余应力。因此,热加工过程的残余应力大小可以通过增加保载时间、减缓冷却速率的方法加以控制,如采用工件室温出炉代替高温出炉,或者采用两级或者多级冷却速率的方式,都可以有效降低工件内部的残余应力。

表面强化工序中,零件表面及亚表面的材料在外力的作用下发生塑性变形,材料主要的延伸方向与表面的法向垂直,由于亚表面以下的材料不产生塑性变形,但其在表面材料延伸变形的牵引下发生拉伸变形并对表面材料施加反作用,因此,当强化结束后,结构中产生了残余应力,其中,表面至亚表面之间为压缩残余应力,结构内部区域为拉伸应力。SPF/DB 结构的内部区域密闭,表面强化工艺的可达性差,通常只能强化表面区域,结构内部的表面未被强化并且受到拉伸残余应力的影响,这样的特点降低了内部表面抵抗疲劳破坏的能力,对结构的抗疲劳性能有不利的影响。因此,适用于 SPF/DB 结构表面强化的工艺应该满足几何要求,首先该工艺应能够在零件表面产生足够大的压缩残余应力,以提高零件抗疲劳性能;其次,表面强化产生的压缩应力的深度不能过大,降低内部表面的拉伸残余应力。

避免表面强化导致内部产生较高的拉伸残余应力,适当降低表面强化水平,兼顾内外表面残余应力水平,使得结构获得最优的抗疲劳性能,这是 SPF/DB 结构表面强化相对于传统实体结构的主要区别。基于对滚压强化、激光冲击强化、干喷丸强化、湿喷丸强化等多种工艺产生的压力场特征分析,湿喷丸强化工艺满足上述要求,适合用于 SPF/DB 结构表面强化。对于特定零件,表面强化后的残余应力由强化工艺参数、结构参数共同决定,零件结构和强化参数的优化过程以需求为目标,以残余应力检测结果为依据开展。

SPF/DB 结构残余应力测试涉及结构的外表面和内部表面,测量内部表面的残余应力难度大。原因是这类结构通常为内腔封闭结构、在高温环境下成形:

(1) 不能在毛坯内部预埋传感器。

(2) 难以直接将测量能量投送至结构内部。

(3) 有损测量方法测量精度较低。有损测量需要在零部件局部切割取样,导致残余应力释放,不能获得结构残余应力的准确信息。

(4) 结构内部的残余应力相对较低,对测量精度要求高。

由于测量需求和结构的几何特征,导致在当前技术水平下难以找到一种方法,同时适用于 SPF/DB 结构内、外部残余应力的测试,针对测试需求,一般将多种方法相结合起来,如采用 X 射线衍射(XRD)残余应力测试方法测试结构表面的残余应力;采用 XRD 与剥层法相结合的途径测量结构表面至亚表面之间的残余应力;采用中子、同步辐射等高能射线的残余应力测试方法测量结构内部的残余应力。

▲5.4.1 X 射线衍射测试方法

X 射线衍射(XRD)测试方法是一种常见的残余应力测试方法,其基本原理是当试样中存在残余应力时,晶面间距将发生变化,发生布拉格衍射时,产生的衍射峰也将随之移动,移动距离的大小与应力大小相关。用波长 λ 的 X 射线,先后数次以不同的入射角射到试样上,测出相应的衍射角 2θ,求出 2θ 对 $\sin2\psi$ 的斜率 M,便可算出应力 σ_ψ(其中:2θ 为入射 X 射线与衍射 X 射线之间的夹角,ψ 为试样表面法线与衍射晶面法线之间的夹角,σ_ψ 为测量坐标系下与 X 轴之间夹角为 Φ 方向的正应力分量)。

常用 XRD 残余应力测试设备光源的能量相对较低,X 射线进入金属材料的深度在数微米至数十微米之间,测量的数据反映这一深度范围内残余应力的平均值。用 XRD 方法测试钛合金材料残余应力的依据为 EN 15305:2008 标准,衍射晶面簇通常选择{213},衍射角为 142°。X 射线衍射信号强度(衍射峰强度)对残余应力测量精度的影响显著,衍射信号强度受准直器直径、曝光时间等参数影响。

准直器类似于照相机的快门,X 射线源产生的射线首先通过准直器,再照射至被测工件的表面,准直器决定了照射到工件表面光斑的大小和形状。常见的准直器有圆形和矩形两种,准直器直径越大,衍射峰强度值越大;准直器尺寸不变的条件下,通过增加曝光时间也可以提高衍射峰的强度值;准直器直径和计数时间不变,计数次数增加,如从 10 次增加到 20 次时,衍射峰强度只是略有增加。

　　准直器直径、曝光时间以及计数次数对 TC4 合金衍射峰强度的影响规律如图 5-20 所示。一般而言,选择尺寸较大的准直器,可以有效缩短测量过程的曝光时间,适合于尺寸较大、表面残余应力分布较为均匀的零件。

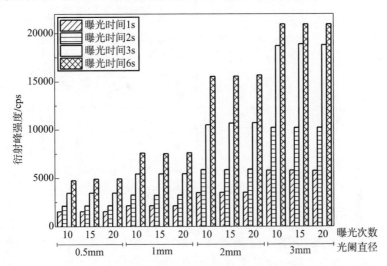

图 5-20　测试参数对标准零应力试样衍射峰强度的影响

　　对 TC4 合金零应力标样进行测量,选择准直器直径为 1mm、2mm 和 3mm,曝光时间分别为 1s、2s 和 3s,曝光次数为 10 次,每一参数组合分别测试 4 次,结果如图 5-21 所示。可以发现曝光时间对衍射峰强度的影响程度对仅次于准直器直径。

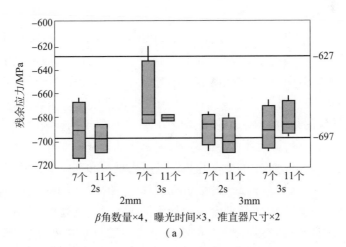

(a)

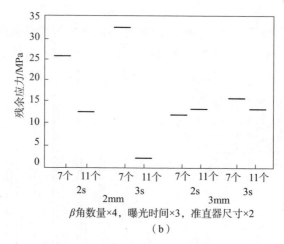

β角数量×4，曝光时间×3，准直器尺寸×2

（b）

图5-21　曝光时间对零应力 TC4 合金标样测试结果的影响

（a）残余应力的箱线图；（b）残余应力标准差的箱线图。

　　准直器直径为 1.0mm、曝光时间 2s、衍射角数量为 11 个，准直器直径 2.0mm、曝光时间 2s、衍射角数量为 11 个都能获得较满意的测量结果，结合测试参数对标准零应力试样测试结果标准差的影响，在 TC4 合金测试时选择以下参数组合：准直器直径 ≥2mm，曝光时间 ≥2s，衍射角数量 ≥11 个，曝光次数为 10 次。

　　对衍射信号拟合处理，进而确定残余应力。通常，XRD 残余应力测量设备默认提供高斯函数、抛物线函数、柯西函数、皮尔森函数等拟合函数，四种函数对 TC4 合金残余应力测试信号的拟合结果如图 5-22 所示。

　　针对零应力标样，计算数据 $\geq 80\% I_{\max}$（$I_{\max}$ 为衍射峰最大值），高斯函数拟合方法给出的残余应力数据在标准值（0 ± 14）MPa 范围内，针对高残余应力标样，当计算数据 $\geq 40\% I_{\max}$ 后，高斯函数拟合方法给出的残余应力数据在标准值（-662 ± 35）MPa 范围内；抛物线函数对零应力、高应力标样数据的拟合结果均较差，给出的残余应力数据误差较大；柯西函数拟合曲线下降至零的趋势缓慢，适合于扁、宽形状的衍射峰曲线，当残余应力较小时，给出的残余应力结果存在误差，残余应力较大时，扩大计算数据范围，该方法的拟合程度增加，测试结果精度提高；皮尔森函数拟合结果的变化趋势对低应力试样和高应力试样相同，随着计算数据范围的不断扩大，该方法的拟合程度越好，给出的残余应力数据越准确。

　　金属材料的牌号不变，微调合金元素比例或者通过热处理改变相组成，材料的微观力学性能会发生变化，从而影响残余应力的测量精度，这时就需要标定 XRD 测试参数。以 TC4 合金为例，氧元素是其间隙强化元素，该元素通过影响

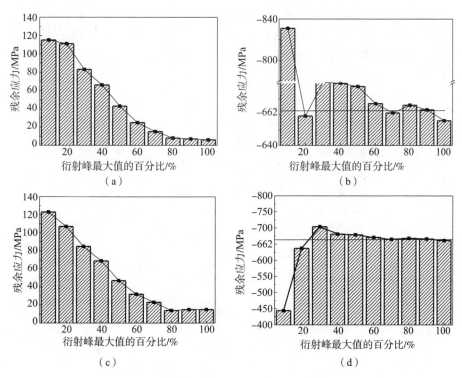

图 5-22　拟合函数对应力测试结果的影响

(a)高斯函数零应力标样；(b)高斯函数高应力标样；

(c)皮尔森函数零应力标样；(d)皮尔森函数高应力标样。

初生 α 相的性能,改变钛合金的宏观理学性能。一般情况下,TC4 合金中氧元素的含量为 0.13%(质量分数),但一些特殊用途的零件要求将 TC4 合金中氧元素含量提高至 0.20%(质量分数)左右,这时通过标定残余应力测试参数提高检测精度,标定设备如原位加载试验机,如通过四点弯曲加载,对比理论应力和测试应力之间的差异,修正特定氧含量的弹性常数,进而获得氧含量对 TC4 合金残余应力测试弹性常数的影响规律。四点弯曲加载试验机特点如图 5-23 所示。

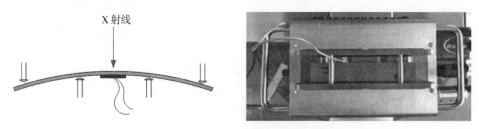

图 5-23　四点弯曲加载原位试验机

弹性常数修正过程如下:原位加载试验机施加的外加载荷产生的应力记为 $\sigma_{加载}$;利用 XRD 应力仪测试样品表面初始残余应力记为 σ_0;在加载状态下使用应力仪测试样品表面的应力状态,测试结果记为 σ_{XRD}。三者存在以下的等式关系:

$$\sigma_0 + \sigma_{加载} = \sigma_{XRD} \tag{5-2}$$

在不同加载载荷下,则存在以下关系式:

$$\sigma_0 + \sigma_{加载_1} = \sigma_{XRD_1}$$
$$\sigma_0 + \sigma_{加载_2} = \sigma_{XRD_2}$$
$$\sigma_0 + \sigma_{加载_3} = \sigma_{XRD_3}$$
$$\vdots$$
$$\sigma_0 + \sigma_{加载_n} = \sigma_{XRD_n}$$

将式(5-2)做差值处理,则有

$$\sigma_{加载_2} - \sigma_{加载_1} = \sigma_{XRD_2} - \sigma_{XRD_1}$$
$$\sigma_{加载_3} - \sigma_{加载_1} = \sigma_{XRD_3} - \sigma_{XRD_1}$$
$$\vdots$$
$$\sigma_{加载_n} - \sigma_{加载_1} = \sigma_{XRD_n} - \sigma_{XRD_1} \tag{5-3}$$

将式(5-3)总结为

$$\Delta\sigma_{加载} = \Delta\sigma_{XRD} \tag{5-4}$$

将式(5-2)代入式(5-4)中,则

$$\begin{cases} \Delta\sigma_{加载} = \dfrac{1}{\frac{1}{2}S_{2,软件}^{\{hkl\}}} \times \Delta\dfrac{\partial\varepsilon_{\varPhi\psi}^{\{hkl\}}}{\partial\sin^2\psi} \\[4mm] \Delta\sigma_{XRD} = \dfrac{1}{\frac{1}{2}S_{2,校准}^{\{hkl\}}} \times \Delta\dfrac{\partial\varepsilon_{\varPhi\psi}^{\{hkl\}}}{\partial\sin^2\psi} \end{cases} \tag{5-5}$$

式中:$\frac{1}{2}S_{2,软件}^{\{hkl\}}$ 为应力仪测试软件中给定的晶面 $\{hkl\}$ 的 X 射线弹性常数;$\frac{1}{2}S_{2,校准}^{\{hkl\}}$ 为校准的晶面 $\{hkl\}$ 的 X 射线弹性常数;$\varepsilon_{\varPhi\psi}^{\{hkl\}}$ 为晶面 $\{hkl\}$ 在角度 $\varPhi$ 和 ψ 方向上的应变;ψ 为样品法线和衍射晶面法线之间的夹角;$\Delta\sigma_{加载}$、$\Delta\sigma_{XRD}$ 分别为外加应力和 XRD 测试应力增量;$\varPhi$ 为与测量坐标系 X 轴之间夹角。

将式(5-5)化简,则

$$\frac{\Delta\sigma_{\mathrm{XRD}}}{\Delta\sigma_{\mathrm{加载}}}=\frac{\frac{1}{2}S_{2,\mathrm{校准}}^{\{\mathrm{hkl}\}}}{\frac{1}{2}S_{2,\mathrm{软件}}^{\{\mathrm{hkl}\}}}\tag{5-6}$$

那么,校准的 X 射线弹性常数:

$$\frac{1}{2}\times S_{2,\mathrm{校准}}^{\{\mathrm{hkl}\}}=\frac{1}{2}\times S_{2,\mathrm{软件}}^{\{\mathrm{hkl}\}}\times \Delta\sigma_{\mathrm{XRD}}/\Delta\sigma_{\mathrm{加载}}$$

式中:$\Delta\sigma_{\mathrm{XRD}}/\Delta\sigma_{\mathrm{加载}}$是$\Delta\sigma_{\mathrm{XRD}}$对$\Delta\sigma_{\mathrm{加载}}$做线性拟合的直线斜率 M。

当 TC4 合金氧含量 0.13%(质量分数)时,标定后 X 射线弹性常数同比测试软件设定的小 2.02%,其数值为 11.6474×10^{-6} MPa^{-1},如图 5-24(a)所示;当 TC4 合金氧含量 0.20%(质量分数)时,标定后 X 射线弹性常数同比测试软件设定的小 5.42%,其数值为 11.2440×10^{-6} MPa^{-1},如图 5-24(b)所示。

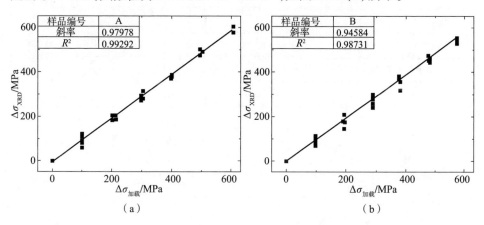

图 5-24　$\Delta\sigma_{\mathrm{XRD}}$ 对$\Delta\sigma_{\mathrm{加载}}$的直线拟合图

(a)0.13%(质量分数);(b)0.20%(质量分数)。

依据 JJF 1059.1—2012《测量不确定度评定与表示》分析 TC4 合金材料残余应力测量结果不确定度,考虑的因素为:①测量重复性;②应力常数 K;③应力因子 M 的斜率拟合,对于测量结果重复性引入的不确定度通过对独立重复测试结果进行统计分析方法进行评定。应力常数误差按 B 类不确定度评定;应力因子 M 涉及对衍射峰的拟合以及衍射角(2θ)与 $\sin2\psi$ 的拟合,通过商业测试分析软件来完成,所产生的误差以“±统计误差”的形式出现在应力测试结果之后,这部分误差同样按 B 类不确定度进行评定。应力为

$$\sigma = KM\tag{5-7}$$

式中:K 为应力常数,有

$$K = \frac{E}{2(1 + \mu)} \times \cot\theta_0 \times \frac{\pi}{180}$$

式中：μ 为泊松比；θ_0 为与 d_0 关联的布拉格角；E 为弹性模量。

M 为应力因子，有

$$M = \frac{\partial(2\theta)}{\partial(\sin^2\psi)}$$

对 TC4 合金材料标样重复测量 10 次（表 5-1），计算测量重复性不确定度分量，测量结果重复性引入的不确定度分量为 3.2MPa：

表 5-1 钛合金高应力标样残余应力测试结果

测试点	1	2	3	4	5
应力值/MPa	−634±11	−632±11	−649±9	−647±9	−644±8
测试点	6	7	8	9	10
应力值/MPa	−623±9	−634±11	−649±9	−623±8	−633±9
应力平均值/MPa		统计误差平均值/MPa		应力标准差	
−637		9		10	

$$u(\sigma) = \frac{s(x)}{\sqrt{n}} = \frac{10}{\sqrt{10}} = 3.2(\text{MPa}) \tag{5-8}$$

弹性常数产生的不确定度分量计算：假设弹性常数服从均匀分布、置信因子 $k=3$，以高应力标样的弹性常数为真值，预估的数值与真实值的误差在 ±3% 以内，则不确定分量为 11.0MPa：

$$u(K) = \frac{0.03 \times 637}{\sqrt{3}} = 11.0(\text{MPa}) \tag{5-9}$$

应力因子 M 产生的不确定度分量计算：假设应力因子不变，置信因子 $k=3$，则不确定分量为 5.2MPa：

$$u(M) = \frac{9}{\sqrt{3}} = 5.2(\text{MPa}) \tag{5-10}$$

根据国际标准合成不确定度，置信水平为采用 95%，采用 $k=2$，则有

$$u_c(\sigma) = \sqrt{u^2(\sigma) + u^2(K) + u^2(M)} = \sqrt{(3.2)^2 + (11.0)^2 + (5.2)^2} = 12(\text{MPa}) \tag{5-11}$$

$$U = ku_c(\sigma) = 2 \times 12 = 24(\text{MPa}) \tag{5-12}$$

根据式（5-12）结果，XRD 残余应力测量方法的不确定度为 24MPa。

剥层法与 XRD 方法相结合是测量工件表面至亚表面区域内残余应力的有效方法。"剥层"是通过电化学腐蚀方法等厚度去除材料,去除材料厚度的控制精度在 $0.01 \sim 0.015$mm 左右,图 5-25 为采用该方法测量残余应力后的试件。图 5-26 显示了采用该方法获得湿喷丸表面强化工艺参数、结构厚度对表面至亚表面范围内残余应力的影响规律。

图 5-25　采用剥层法和 XRD 测量残余应力后的试件

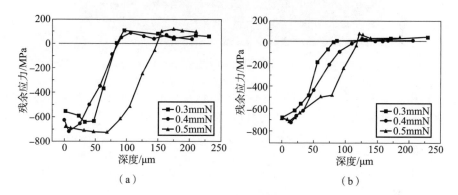

（a）　　　　　　　　　　　（b）

图 5-26　湿喷丸强化后,TC4 合金残余应力分布规律

（a）板厚为 1.5mm;（b）板厚为 6.0mm。

注:mmN、mmA、mmC 为喷丸强度的符号,分别表示使用 N、A、C 型三种 Almen 试片测定出的喷丸强度。示例:喷丸强度为 0.4mmN,表示某种喷丸工艺参数下,用 N 型 Almen 试片,测得的饱和点的弧高值为 0.4mm。

5.4.2　中子衍射测试方法

中子衍射测试方法提供的射线能量高于 XRD,射线能够进入到材料的更深处,从而获得这些区域材料晶体学的信息,在残余应力测试时,通过高能射线获得晶面间距的变化,计算得到材料的残余应力信息。

中国绵阳实验研究堆（CMRR）、美国 SNS、日本 J-PARC、英国 ISIS 实验堆等都能提供残余应力测试的中子源。中国绵阳实验研究堆使用 Si 单晶单色器从多色中子束中选出特定波长的中子,产生的中子波长为 $0.12 \sim 0.28$nm,实验装置如图 5-27 所示。用于测量 TC4 合金时,衍射晶面相匹配的中子波长 $\lambda = 0.1592\text{nm}$,中子注量率可采用 $4.7 \times 10^6 \text{n}/(\text{cm}^2 \cdot \text{s})$,该条件下,谱仪分辨率达到 0.25%。

图 5-27 中子应力分析谱仪

双态合金 TC4 合金材料的 α 相比例较高,α 相的晶体结构为密排六方结构,理论中子衍射全谱($\lambda = 1.592\text{Å}$)如图 5-28 所示。

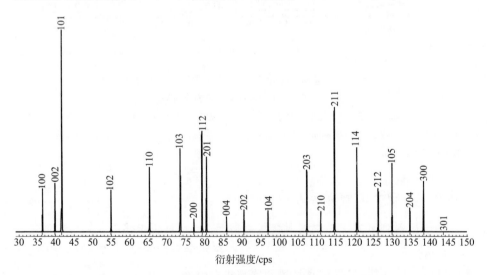

图 5-28 α-Ti 合金理论结构-衍射强度与中子谱

α-Ti 合金的理论结构信息、理论衍射谱分布密集且复杂,在同一衍射角附近存在多个晶面的衍射谱线,残余应力测试中要求中子衍射信号的形状具备单一、衍射区域形状为立方块体、衍射角在 60°～110° 范围内等,可选取 Ti(10-13)、衍射角 73.5° 来测试晶面,该晶面的衍射峰特点如图 5-29 所示。

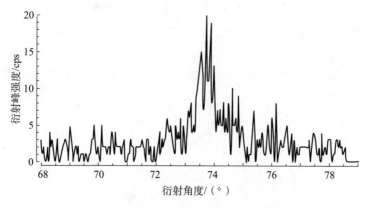

图 5-29　Ti(10-13)衍射预扫描结果

使用中子衍射方法测试空心夹层结构内部残余应力时,一般采用步进测量的方法,用经纬仪提供测量空间的信息,对测量区域的位置精度进行控制,如图 5-30 所示的测量中使用了两台经纬仪:一台经纬仪控制垂直度及水平面内的对称性;另一台经纬仪用于检验结构的定位精度。这两台经纬仪测量数据控制衍射体空间位置,使衍射体沿着结构表面的法线方向逐步深入结构内部,获得结构内部残余应力分布(图 5-31)。

图 5-30　三层板结构装夹与定位

步进方法测量结构残余应力时,通过衍射信号的信息判断测量区域空间位置,如图 5-32 所示,当衍射体未与结构表面相接触时(A 位置),衍射峰积分强度为 0;当衍射体刚好完全进入到被测结构中后(C 位置),衍射信号强度最大;当衍射体的一半在结构中时(B 位置),积分强度刚好也是最大值一半。

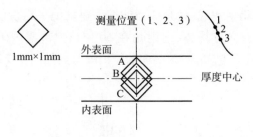

图 5-31　采用步进法测量残余应力沿厚度的变化规律

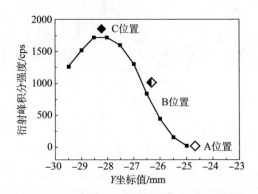

图 5-32　衍射峰强度随测量位置的变化情况

　　中子衍射测试残余应力时,采用相同状态材料制备外形类似于梳子的试件,作为零应力标样,用来标定测试参数 d_0,标样外形如图 5-33 所示。采用该方法获得的 TC4 合金材料 d_0 数据如表 5-2 所示。获得三个方向数据后,通过本底拟合、本底扣除、峰形高斯拟合,输出衍射峰的峰位、峰强等参数,通过以下应力计算公式获得结构的三维应力值:

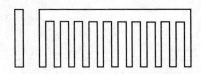

图 5-33　中子衍射零应力标样

表 5-2　TC4 合金材料 d_0 数据

测试方向	$2\theta/(°)$	$d_0/\text{Å}$
弦向	73.6461	1.3273
法向	73.6494	1.3272
展向	73.6457	1.3273

$$\sigma_{xx} = \frac{E_{hkl}}{(1+\nu_{hkl})(1-2\nu_{hkl})}[(1-\nu_{hkl})\varepsilon_{xx}+\nu_{hkl}(\varepsilon_{yy}+\varepsilon_{zz})] \qquad (5-13)$$

$$\sigma_{yy} = \frac{E_{hkl}}{(1+\nu_{hkl})(1-2\nu_{hkl})}[(1-\nu_{hkl})\varepsilon_{yy}+\nu_{hkl}(\varepsilon_{zz}+\varepsilon_{xx})] \qquad (5-14)$$

$$\sigma_{zz} = \frac{E_{hkl}}{(1+\nu_{hkl})(1-2\nu_{hkl})}[(1-\nu_{hkl})\varepsilon_{zz}+\nu_{hkl}(\varepsilon_{xx}+\varepsilon_{yy})] \qquad (5-15)$$

$$u(\sigma_{xx}) = \frac{E_{hkl}}{(1+\nu_{hkl})(1-2\nu_{hkl})}\sqrt{(1-\nu_{hkl})^2u^2(\varepsilon_{xx})+\nu_{hkl}{}^2[u^2(\varepsilon_{yy})+u^2(\varepsilon_{zz})]}$$

$$(5-16)$$

$$u(\sigma_{yy}) = \frac{E_{hkl}}{(1+\nu_{hkl})(1-2\nu_{hkl})}\sqrt{(1-\nu_{hkl})^2u^2(\varepsilon_{yy})+\nu_{hkl}{}^2[u^2(\varepsilon_{zz})+u^2(\varepsilon_{xx})]}$$

$$(5-17)$$

$$u(\sigma_{zz}) = \frac{E_{hkl}}{(1+\nu_{hkl})(1-2\nu_{hkl})}\sqrt{(1-\nu_{hkl})^2u^2(\varepsilon_{zz})+\nu_{hkl}{}^2[u^2(\varepsilon_{xx})+u^2(\varepsilon_{yy})]}$$

$$(5-18)$$

5.4.3　结构残余应力数值预测方法

物理测试 SPF/DB 结构残余应力的途径存在一些不足:首先,物理测试获得的数据是离散的;其次,难以较为精确测量结构内部表面的数据,特别是桁架、腹板等内部支撑结构与蒙皮相交位置的数据,这些区域存在应力集中,残余应力与交变应力耦合作用控制着裂纹萌生,对预测结构寿命至关重要。将数值方法与测试数据相结合,预测结构残余应力分布,能够更直接支撑表面强化工艺优化,并为 SPF/DB 结构的设计与工艺一体化奠定基础,在长期的研究中,基于两种思路形成了相应的结构残余应力数值预测方法。

一种思路为直接模拟。即建立反映真实物理过程的数值模型,通过非线性动力学计算,获得材料在强化过程中应力、应变、变形的演变规律。一些研究中使用了含有应变率的本构模型来描述材料在受到脉冲激励下的行为,另一些研究中采用了新的数值方法,如光滑质点动力学方法(SPH),试图提高动态过程中应力、应变的预测精度,从以上途径不难看出,直接模拟方法需要求解大量的非线性方程组,受到硬件制约,数值模型尺寸较小,如对于干喷丸强化工艺,建立的强化模型的面积通常为数百个平方毫米,弹丸数量在数十个至数百个之间,对一些非线性、多物理场相互耦合的表面过程,如激光冲击强化、湿喷丸强化,数值模拟方法还处于探索阶段,这种方法的特点使其主要应用于残余应力形成过程的研究中。

另一种思路为基于等效原理的模拟。这种方法为将表面强化形成的残余应力作为初始边界条件加入到数值模型中,如采用温度载荷和线膨胀系数产生初始应力或者初始的塑性应变,形成与特定表面强化工艺、某个工艺参数下产生残余应力合力、力矩相同的等效应力,从而获得整个结构变形数据以及远离施加边界条件区域的残余应力/应变的数据。这种思路对有限元建模限制少,模型可用实体单元,也可为壳体单元,材料本构模型一般采用线弹性模型,大多不涉及材料非线性问题的求解,因此允许模型的规模较大,如在飞机壁板类零件的喷丸成形研究中采用了这种方法,对于薄板且厚度差异不大的结构可采用壳单元建模,对于厚度差异大或者实体与壳体混搭的结构,则可以采用实体单元建模,这时要求精确控制单元的厚度,对于几何复杂的零件难度较大。

根据已有数据,假设薄板一侧受到湿喷丸强化后,残余应力沿着薄板厚度方向上的分布如图 5-34 所示,特点如下:

(1)受强化一侧为压缩残余应力,其厚度为 a,压缩应力服从正态分布规律,用式(5-19)描述,式(5-19)中的常数可用式(5-20)~式(5-22)得到;

(2)在厚度为 a 处,残余应力为正,随后残余应力按照线性规律变化,直至薄板未强化表面 L 处。

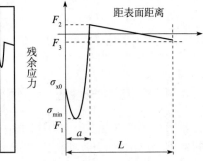

$$\sigma = A\sin(\omega x + \theta) \quad (5\text{-}19)$$

图 5-34 薄板单侧强后化残余应力沿厚度分布示意图

式中:x 为板厚;常数 A 为压缩残余应力最大值;常数 ω 和 θ 与压缩应力分布相关。

$$A = \min(\sigma) \quad (5\text{-}20)$$

$$\omega = \frac{\pi}{2(x_{\sigma\min} - x_{\sigma 0})} \quad (5\text{-}21)$$

$$\theta = \frac{3\pi}{2} - x_{\sigma\max}\omega \quad (5\text{-}22)$$

式中:$x_{\sigma\min}$ 为最小残余应力的位置坐标;$x_{\sigma\max}$ 为最大残余应力的位置坐标;$x_{\sigma 0}$ 为表面残余应力的位置坐标。$\sigma_{\min}$、$\sigma_{\max}$ 和 σ_{x0} 分别为最小残余应力、最大残余应力和表面残余应力。σ_{x0}、$\sigma_{\min}$、$x_{\sigma\min}$、$x_{\sigma 0}$ 数据均可以通过 X 衍射残余应力测试仪(XRD)并结合剥层法获得。

为验证预测结果,首先采用 XRD 并结合电化学腐蚀剥层的方法获得湿喷丸强化后 TC4 合金材料压缩应力分布规律,基于式(5-19)拟合喷丸强度 0.3mmN

和 0.5mmN 条件下压缩应力数据,如图 5-35 所示,计算表明,预测值和实测值之间的均方差分别为 33.3MPa 和 15.5MPa,这表明采用正弦函数可以较为精确地表征湿喷丸工艺产生的压缩应力场。

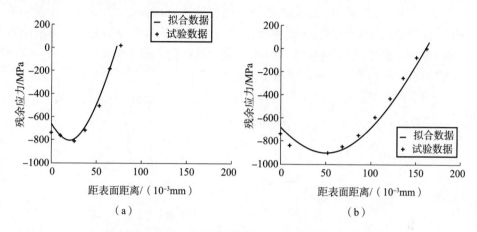

图 5-35　湿喷丸工艺强化 TC4 合金试块压缩应力场对比

(a)喷丸强度 0.3mmN;(b)喷丸强度 0.5mmN。

根据力、力矩平衡原理式(5-23)、式(5-25),获得式(5-24)和式(5-26)。式中 θ、a、L 如前面所述,F_1 为表面的残余应力,因此,两个公式中只有两个未知量,计算可获得拉伸残余应力 F_2 以及未强化表面的残余应力 F_3。

$$\sum_{F_i} = 0 \Rightarrow \int_0^a f_1(x)\,\mathrm{d}x + \int_a^L f_2(x)\,\mathrm{d}x = 0 \tag{5-23}$$

$$F_1 \frac{4a}{5\pi + 4\theta}\left[\cos\left(\frac{3}{4}\pi - \theta\right) - 1\right] + \frac{F_3 - F_2}{2}(L - 1) + F_2(L - a) = 0 \tag{5-24}$$

$$\sum_{M_i} = 0 \Rightarrow \int_0^a f_1(x)x\,\mathrm{d}x + \int_a^L f_2(x)x\,\mathrm{d}x = 0 \tag{5-25}$$

$$-2\pi\left(\frac{4a}{5\pi + 4\theta}\right)^2 F_1 - \left(\frac{4a}{5\pi + 4\theta}\right)^2 F_1\left[\sin\left(\frac{3}{4}\pi - \theta\right) - \left(\frac{3}{4}\pi - \theta\right)\cos\left(\frac{3}{4}\pi - \theta\right)\right] +$$

$$\left(\frac{4a}{5\pi + 4\theta}\right)^2\left(\frac{3}{4}\pi - \theta\right)F_1\left[1 - \cos\left(\frac{3}{4}\pi - \theta\right)\right] + \frac{1}{3}\frac{F_3 - F_2}{L - a}(L^3 - a^3) -$$

$$\frac{F_3 - F_2}{L - a}\frac{a}{2}(L^2 - a^2) + \frac{1}{2}F_2(L^2 - a^2) = 0 \tag{5-26}$$

为了预测复杂零件强化变形和残余应力,采用前面提及的第二种思路,即将从标准试块上测试获得的残余应力场数据施加到有限元模型的相应区域（图5-36），为了兼顾计算效率和单元质量，单元厚度尺寸通常为毫米级，远大于压缩应力层的厚度，因此，基于力与力矩等效原则，并利用式（5-24）和式（5-26）计算施加在有限元表面结点的应力数值，根据弹性力学基本原理，使用该方法预测结构变形以及远离施加边界条件区域的残余应力时，预测结果是足够准确的。此外，我们还要求建立的有限元模型满足如下要求：

（1）有限元模型应为6面体8节点单元；

（2）表层单元的厚度必须一致且其厚度不能大于压缩应力层的5倍；

（3）在零件厚度方向上单元数量不小于3层。

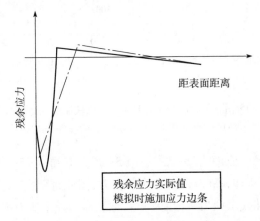

图5-36　基于等效原理的强化变形及残余应力预测方法

　　基于该方法分别预测薄板和某型薄壁零件在受到湿喷丸强化后的变形和残余应力分布。有限元建模时将表层单元厚度控制为0.2mm，受强化区域厚度方向有4层单元，在位于强化表面的节点上施加温度载荷，产生热应力以便等效模拟残余应力，模型参数如表5-3所示。

表5-3　特征试件表面强化模拟采用的计算参数

密度/(10^3kg/m^3)	弹性模量/GPa	泊松比	热膨胀系数
4.44	109	0.3	1×10^{-6}

　　TC4合金薄板试验件（图5-37（a））尺寸为40mm×15mm×1.6mm，预测其一侧表面受强化，喷丸强度为0.3mmN和0.5mmN时未强化表面的残余应力及残余应力沿厚度方向的分布，建模时约束有限元模型一个顶点处节点的全部自由度，在其一侧表面节点上施加温度为341℃和525℃，获得喷丸强度0.3mmN条件下的表面强化应力云图如图5-37（b）所示。

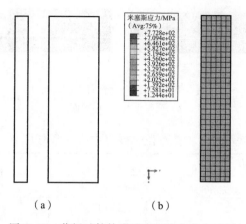

图 5-37　薄板试件外形及表面强化应力云图

（a）试验件外形；（b）残余应力分布。

喷丸强度 0.3mmN 条件下，预测试件厚度方向上残余应力分布如图 5-38 所示，从中可知，受到强化的表面存在较大的压缩残余应力，沿着厚度方向残余应力先由压应力变为拉应力，随后拉应力线性变化，逐步降低，直至试件另一侧表面，为压缩残余应力。

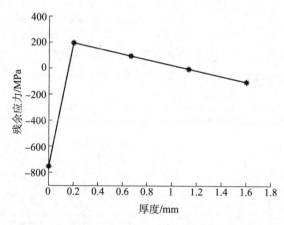

图 5-38　薄板试件单侧表面强化后残余应力沿着厚度方向变化规律

进一步，为获得薄板单侧表面强化后未强化侧表面的残余应力，采用 TC4 合金材料制造了尺寸相同的试验件（图 5-39（a）），试验前在未强化表面安装应变片（图 5-39（b））。喷丸强度为 0.3mmN 和 0.5mmN。基于数据和式（5-25）、式（5-26）计算得到的未强化表面的残余应力，预测值和测量结果如表 5-4 所示，可知预测应变量较试验测试数据略小，误差分别为-1.1% 和-3.8%。

（a）　　　　　　　　　　　　　（b）

图 5-39　试验件及表面强化设备

（a）受强化表面；（b）背面。

表 5-4　表面强化过程中的变形与应变

喷丸强度/mmN	0.3	0.5
应变实测值	-6.486×10^{-5}	-8.51×10^{-5}
应变预测值	-6.417×10^{-5}	-8.188×10^{-5}
误差/%	-1.1	-3.8

基于压缩残余应力场等效建模方法及验证研究成果,将残余应力分析对有限元建模要求耦合入有限元建模软件中,如图 5-40 所示,该软件能够按照规定的路径、移动速度、在空心结构表面施加温度载荷。

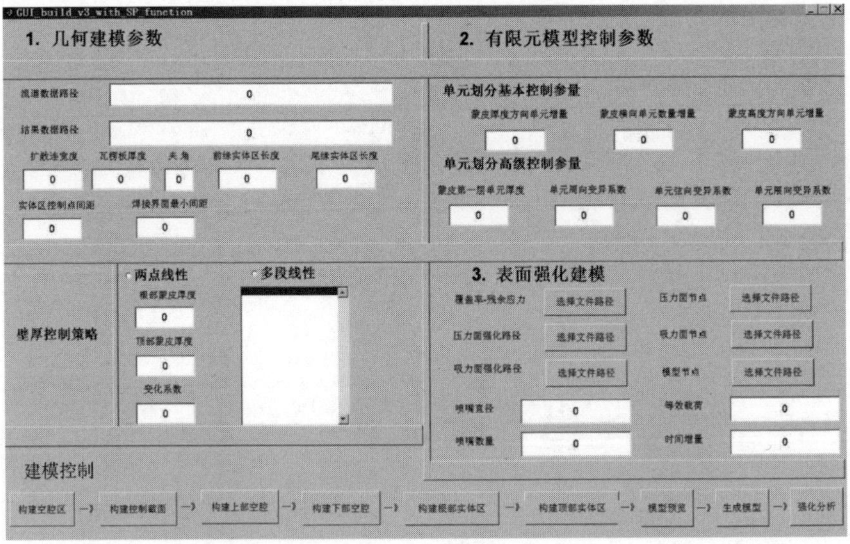

图 5-40　具备网格尺寸主动控制功能的空心结构建模软件

采用空心夹层结构有限元模型,分别施加三种边界条件:①表面载荷同时间、一次性加载（图 5-41（a））;②模拟表面强化过程,按顺序逐步加载（图 5-41（b））;③模拟表面强化过程,按顺序逐步加载,展向间距增加（图 5-41（c））。路径如图 5-41 所示。

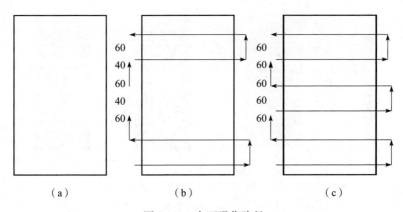

图 5-41　表面强化路径

(a)边界条件施加策略 1;(b)边界条件施加策略 2;(c)边界条件施加策略 3。

　　三种边界条件施加策略下获得的空心夹层结构残余应力分布规律,变形规律如图 5-42 和图 5-43 所示,从中可知,三种边界条件施加策略下的变形规律相似,应力分布规律略有区别,其中,均匀、同时施加载荷条件下表面压缩应力场均匀,考虑表面强化路径时,沿着展向残余应力呈现波动,在零部件强化时,应通过合理控制路径,降低不同部位残余应力差异。

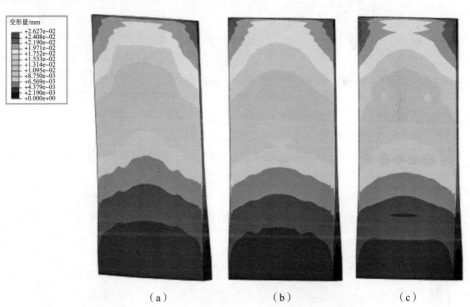

图 5-42　三种边界条件施加策略下的变形云图

(a)边界条件施加策略 1;(b)边界条件施加策略 2;(c)边界条件施加策略 3。

195

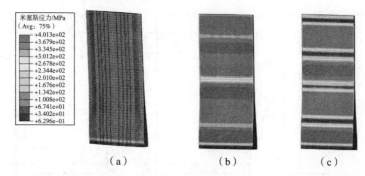

图 5-43　空心夹层结构在三种边界条件施加策略下的应力云图

（a）边界条件施加策略 1；（b）边界条件施加策略 2；（c）边界条件施加策略 3。

通过空心夹层结构验证了空心结构残余应力预测流程,在此基础上分析空心夹层零件残余应力分布,建立的特征试验件残余应力模拟有限元模型,如图 5-44 所示。基于制造参数施加边界条件,获得表面强化后的变形云图如图 5-45 所示,数值预测结果与试验测试数据进行对比如图 5-46 所示,预测结

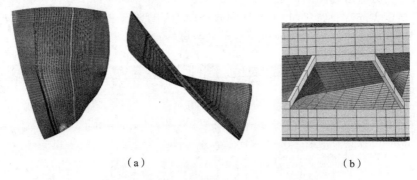

（a）　　　　　　　　　　　　　（b）

图 5-44　空心夹层结构残余应力预测有限元模型

（a）模型特点；（b）横截面单元特点。

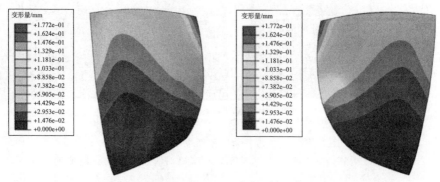

图 5-45　表面强化后空心夹层结构的变形云图

果与实测数据规律相同,预测结果偏保守,由于结构内部残余应力分布规律由结构变形规律控制,变形数据如果准确,那么所预测的残余应力场是准确的。

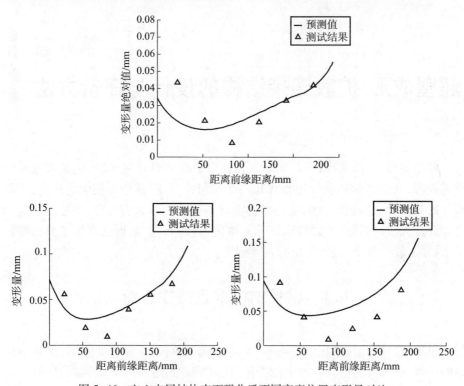

图5-46 空心夹层结构表面强化后不同高度位置变形量对比

参考文献

[1] DAVID SERRA. Superplastic forming applications on aero engines. A review of ITP manufacturing processes [C]. 6th EUROSPF Conference, Carcassonne,2008.

[2] 国家质量监督检验检疫总局. 测量不确定度评定与表示:JJF 1059.1—2012[S]. 北京:中国质检出版社,2013.

第6章
超塑成形/扩散连接结构的设计与评价方法

超塑成形/扩散连接(SPF/DB)工艺在赋予结构设计灵活性、满足多样性需求的同时,又要求结构设计过程优化内部几何特征、降低应力集中的程度,几何设计的难度大、迭代次数多,需将结构设计与工艺设计紧密结合,并建立相应的性能评价方法,达到设计、制造、评价一体化的目标。本章重点介绍了典型结构承载特性、设计方法、性能评价与失效分析。

6.1 常见结构承载特性分析

单层板结构几何形状最为简单,毛坯通常为薄板,常见于非承力,但外形规则的零件,外形可为回转型或平面壳体,几何特征如图6-1所示,零件壁厚一般在数个毫米左右,在结构的局部区域设置加强筋状几何特征,可改善零件的刚性和振动特性,单层板结构有民用发动机进气道唇口(图6-2)、进气道、波纹板等。这类零件的制造难度小,零件的面积可数平方米以上,如果将单层板零件的制造技术与其他连接工艺配合,能够制造尺寸更大的零件;单层板结构中没有固有缺陷,其结构设计、强度评价等均能够沿用传统的方法,设计难度低,单层板结构的刚性相对较低、容易变形,通常与骨架、加强筋结构相结合,可用于飞行器的蒙皮结构,具有回转体特征的单层板结构可以成耐压容器,如邮箱、气瓶等。

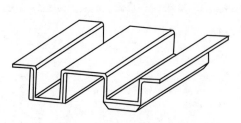

图6-1 单层板结构几何特征

图6-2 采用单层板结构工艺制造的进气道

198

制造两层板结构的毛坯一般为2件,毛坯外形通常是将零件沿中分面分为两半并计算获得,零件内外形的复杂程度增加,通过毛坯厚度的变化和多种毛坯的组合既能够成形为纯壳体结构,又可以成形出实体-壳体混搭结构。

纯壳体两层板结构可以看作为单侧表面光滑,另一侧表面有加强筋的结构,通常采用两张薄板制造,几何特征如图6-3(a)所示,蒙皮的厚度选取灵活,这类零件尺寸可做得较大,结构刚性较好,具有重量轻、成本低、可靠性高优势,大幅取代了飞机、发动机中的蒙皮骨架或蒙皮铆接结构;这类结构中蒙皮的厚度相对小,承载能力有限,常用于制造非承力结构,如飞机、发动机上的各类口盖、舱门等,对于舱门等两层板结构,可通过在特定位置增加材料实现局部补强,以便提高这些区域的结构强度,补强位置常用于连接其他零件,如作动筒、铰链等,如图6-3(b)所示。

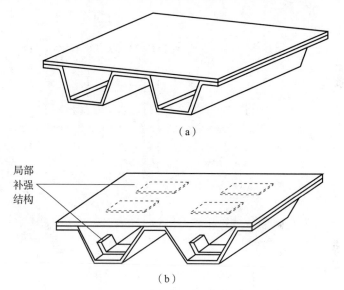

(a)

局部
补强
结构

(b)

图6-3　纯壳体两层板结构几何特征

(a)两层板结构;(b)局部补强的两层板结构。

壳体和实体混搭型两层板结构表面光滑、内部空心且空心区没有加强筋,结构的内外形特征如图6-4所示,这类零件的减重效率随着外形尺寸增加而提高,厚度方向上的尺寸对减重效率影响最显著,工程实践表明,相对于相同外形的实体结构,壳体和实体混搭型两层板结构重量可降低15%～60%。此外,这类结构对准静态载荷的承载性能较好,理论上不存在固有缺陷,用于静态或准静态承载时,结构设计和强度校核简单;工程实践中,通常将焊接界面布置于对称面上,这一特征使得零件在承受弯曲时焊接界面位置与中性层位置重合,在零件承受拉伸载荷时焊接界面法向与主应力方向垂直,因此,焊接界面上不承受较高的应力,即使界面上存在少量的焊接缺陷,其对结构承载性能的影响也可不予考虑;壳体和实体混搭型两层板结构空心区蒙皮缺少支撑,蒙皮局部的刚性差,存在较多的局部振型,如图6-5所示为两层板空心结构与实体结构前六阶振型的对比,空心结构的内部特征与图6-4所示相似,空心和实心结构的低阶振型相同,从第四阶振型开始,空心结构表现为局部变形,相同阶次下,空心结构的固有频率远低于实体结构。表6-1为实体结构与两层板空心结构前6阶固有频率对比。

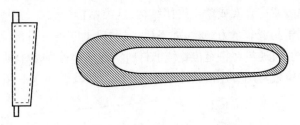

图6-4　壳体-实体混搭两层板结构几何特征

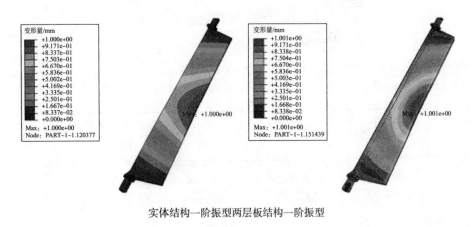

实体结构一阶振型两层板结构一阶振型

实体结构三阶振型两层板结构三阶振型

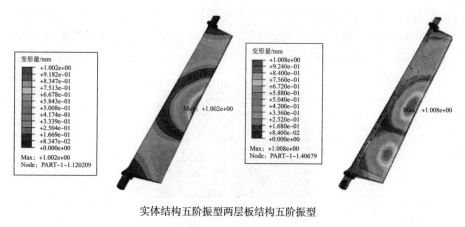

实体结构五阶振型两层板结构五阶振型

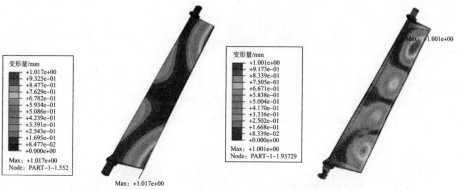

实体结构六阶振型两层板结构六阶振型

图 6-5 两层板空心结构前 6 阶振形

表 6-1 实体结构与两层板空心结构前 6 阶固有频率对比

结构类型	前 6 阶固有频率/Hz					
	f_1	f_2	f_3	f_4	f_5	f_6
实体结构	372.55	997.42	1255.6	1461.7	1945.8	2351.8
两层板空心结构	447.87	1038	1209	1636.3	1734.3	2060.7

鉴于两层板空心结构的这些特性,实体和壳体混搭两层板结构适用于制造次承力结构和静承力结构,如发动机上的进口、出口整流叶片,可调叶片飞行器的舵面、翼面结构等。

三层板结构可分为壳体结构(图 6-6(a))和壳体-实体混搭结构(图 6-6(b)),三层板结构特征为蒙皮和中间的 W 形桁架加强筋结构,这类结构设计中允许蒙皮厚度自由变化,结构承载能力强、整体刚性好,在飞机、发动机常见的频域(约10~2000Hz 或结构前 10 阶固有频率)范围内,三层板结构的固有频率与实体结构接近(图6-7),两者的振型相同,结构中理论上不存在缺陷,结构设计、

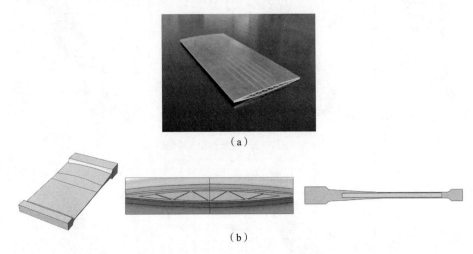

(a)

(b)

图 6-6　三层板结构几何特征

(a)蒙皮-W 形桁架加强结构;(b)实体-壳体混搭结构特征。

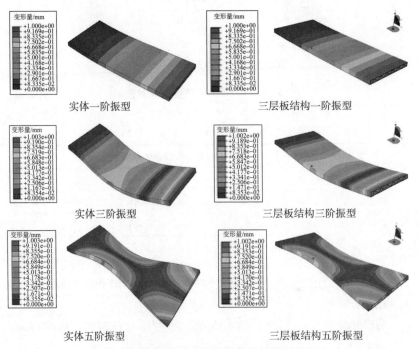

实体一阶振型　　　　　　　　三层板结构一阶振型

实体三阶振型　　　　　　　　三层板结构三阶振型

实体五阶振型　　　　　　　　三层板结构五阶振型

图 6-7　实体与空心夹层结构的前 5 阶振型对比

强度校核方法可沿用传统实体结构的方法,使得三层板结构可用于制造各类关键、静、动载荷承载结构,如发动机风扇叶片、尾喷口的调节片等。结构的减重效率具有随着结构尺寸的增加而增加特点,通常在 15%~45% 之间,这类零件制造过程中需要进行大面积的扩散连接,对扩散连接工艺、界面缺陷检测技术要求较高。表 6-2 为实体与空心夹层结构的前 5 阶固有频率对比。

表 6-2　实体与空心夹层结构的前 5 阶固有频率对比

结构类型	固有频率/Hz				
	f_1	f_2	f_3	f_4	f_5
实心结构	61.74	302.90	383.22	735.78	966.66
空心夹层结构	86.60	368.21	532.50	759.93	1166.2

四层板结构制造工艺灵活,可以制造出内部结构特征复杂的空心夹层结构,可分为壳体结构和壳体-实体混搭结构,也有根据内部几何特征,称为 H 形结构和 X 形结构。目前,H 形结构应用较为广泛,X 形结构在我国的应用相对较少。

H 形的四层板结构的几何特征如图 6-8(a)所示,空心区域由蒙皮及与蒙皮垂直的加强筋构成,蒙皮厚度在 1.6~2.0mm 之间,加强筋厚度与蒙皮厚度相

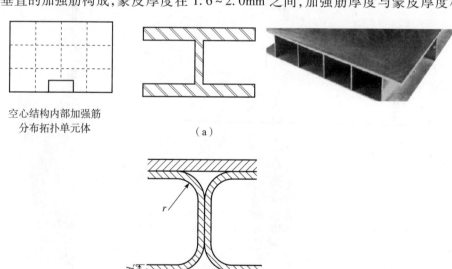

空心结构内部加强筋
分布拓扑单元体

（a）

（b）

图 6-8　H 形四层板结构几何特征

（a）四层板结构的几何特征;（b）四层板结构中存在的固有特征——三角区。

当。这类结构具有较高的静力承载能力,结构的刚性可设计,整体刚性好,结构的减重优势显著,通常能够获得 20%~50% 的减重效率。主要缺点是存在固有几何特征——三角区,三角区位于加强筋与蒙皮的相交的部位以及加强筋高度的 1/2 处,因截面的几何形状近似为三角形而得名(图 6-8(b)),三角区的边长一般在 0.1~2.0mm 之间,这一特征不利于结构承受动载荷,此外,由于制造工艺约束,加强筋之间需要保持较大的间距,导致结构的局部刚性差,高阶固有频率密集,局部振型多(图 6-9),因此这类结构常用于主要承载静力,也可用于承

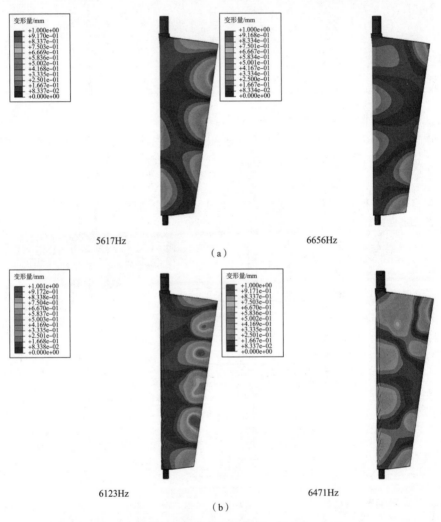

图 6-9　四层板结构与实体结构相近固有频率下振型对比

(a)实体结构;(b)四层板结构。

载交变载荷但寿命要求不高的结构,如舵面和翼面等。表 6-3 为四层板结构与实体结构前 16 阶固有频率对比。图 6-10 为四层板结构。

表 6-3　四层板结构与实体结构前 16 阶固有频率对比

阶次	固有频率/Hz	
	实心结构	四层板结构
f_1	431.91	548.03
f_2	978.71	1110.4
f_3	1354	1559.1
f_4	1837	1624
f_5	2273.6	2251.1
f_6	2797.8	3032.9
f_7	3852.2	3378.6
f_8	3901.3	3612.4
f_9	4597.1	4596.4
f_{10}	5332.9	4758.2
f_{11}	5681.3	4943.8
f_{12}	6657.4	6123.5
f_{13}	7328.1	6471.4
f_{14}	7377.9	7239.4
f_{15}	8451.5	7494.2
f_{16}	9165.9	7515.2

图 6-10　四层板结构

X 形四层板结构截面的几何特征如图 6-11 所示,为蒙皮与蜂窝形加强筋结构组成,这类结构静、动力承载能力均较好,结构的刚性可设计,整体刚性较高,特别对于厚度较大结构,能够控制加强筋数量、保证结构刚性,这类结构理论上不存在缺陷,可用于制造承载性能要求高、厚度较大的零部件。与三层板结构相似,此类结构对蒙皮、桁架的几何参数配比存在限制,蒙皮厚度通常较 H 形结构厚,但通过优化桁架与蒙皮夹角或采用其他方法,可一定程度上降低蒙皮厚度,但总体而言,X 形结构的减重效率要低于 H 形结构,减重效率通常能在 20% ~ 40% 之间,但制造工艺相对复杂。

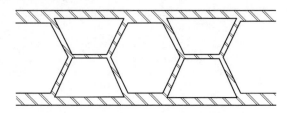

图 6-11　X 形四层板结构截面的几何特征

根据以上分析,给出常见 SPF/DB 结构几何、承载、设计方法的特点,供制定结构设计方案时参考,如表 6-4 所示。

表 6-4　SPF/DB 结构的优缺点

结构类型		表面平整度	结构刚性	减重效率	静载荷承载性能	动载荷承载性能	布局灵活性	设计的容易程度
单层板结构		√	×	○	×	×	√	√
两层板结构	壳体	○	×	○	×	×	√	√
	混搭	√	○	√	○	×	√	√
三层板结构		√	√	√	√	√	√	×
四层板结构	H 形	√	√	√	√	×	√	√
	X 形	√	√	○	√	√	√	×

注:×表示该性能在四类结构中相对较差;○表示该性能在四类结构中相对居中;√表示该性能在四类结构中相对最好。

近年来,围绕着进一步提高结构承载能力、降低结构重量,新型 SPF/DB 结构不断涌现,如点阵结构,如图 6-12 所示,这类结构的显著特征为结构的多功能化,除了满足传统结构承载、减重功能外,还具备了隔热、减振等新功能,为扩宽钛合金轻量化结构的应用领域提供了有效的尝试。

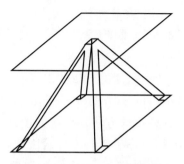

图 6-12　SPF/DB 点阵结构特点

6.2　超塑成形/扩散连接结构设计方法

SPF/DB 结构的设计难度大,原因主要来自于三方面:

(1) 建立零部件 CAD 模型的难度大,这类结构设计中可供选择的内部拓扑特征多样,几何形状多样,控制几何形状最底层的特征为几何点,结构设计过程一般遵循由点成线,由线成面,由面围体的步骤。在商用 CAD 软件的三维虚拟空间中定义数量众多几何点坐标,位置精度控制难度大,周期长,在由点逐步向上生成其他几何特征时,难以避免线、面等特征之间发生相互干涉,这时需要逐一调整几何点坐标,使得 CAD 建模周期长。

(2) 结构应力分析难度大,空心夹层结构内部拓扑特征复杂,通常不符合扫略几何特征,零件不同区域的尺寸往往差异大,如结构中包含实体、壳体等拓扑特征,此外,CAD 模型的质量控制难度大,在建立有限元模型时一般都伴随着对 CAD 模型局部区域的修正或重建,有限元模型单元质量控制难度大、建模周期长,上述两方面共同导致准确获得结构应力分布规律的难度大。

(3) 结构强度评价的难度大,零件的强度和破坏模式决定于结构中最薄弱区域,确定空心夹层结构中薄弱区域的过程需要同时以结构表面和内部为对象,结合相应的强度准则判断,而建立强度准则需要基于材料性能、几何特征、工艺过程并考虑残余应力的影响,通过零部件结构实验验证和迭代优化,建立强度准则的难度大,周期长。

6.2.1　结构设计策略

常用的结构设计和分析思路主要分为三个步骤:①外形设计和内部结构设计,建立结构几何模型;②对几何模型进行合理简化并离散,获得有限元分析模型;③响应分析和强度校核,反馈结构设计进行迭代优化。采用这种方法设计承载、重量敏感的空心夹层结构时,出现了因结构几何特征复杂,导致建立 CAD 模型和有限元模型的周期长的难题,因此,缩短这两个建模环节的周期将极大地推动空心夹层结构的工程应用。

实践中发现,用于某些特定用途的 SPF/DB 零件的内部拓扑特征具有相似性,基于这一特点,可在其结构设计时采用一种新的方法:基于有限元(FE)模型的结构设计和优化方法。这种设计方法将传统的设计过程拆分两个阶段,即概略设计阶段和详细设计阶段。首先,概略设计阶段利用零部件内部结构拓扑特征上的相似性,如对于空心-实体混搭、内部桁架为 W 形的空心夹层结构,在其桁架延伸方向具有宏观扫略特征,而在垂直于桁架扫略方向的截面拓扑特征具有相似性的特点,利用这种相似性建立含有结构主要几何特征的有限元模型,开展承载响应特点,开展内部结构参数迭代优化,直至得出合理的内部拓扑参数选取区间;其次,在详细设计阶段,基于 FE 模型确定的控制点建立实体模型,添加附加结构、细化局部特征,形成具有完备几何特征的零件 CAD 模型,再基于此CAD 模型进行虚拟分析,验证结构设计参数是否合理。

基于 FE 模型设计方法的思路为跨过耗时较长的 CAD、FE 建模过程,直接利用含有零件主要特征的 FE 模型进行优化结构参数,此外,在确定了设计结构设计方案后,FE 模型中的结点数据还将用作为制造工艺的信息输入、检验验收等依据,进一步地缩短了工艺设计的周期,两种设计思路的特点如图6-13 所示。

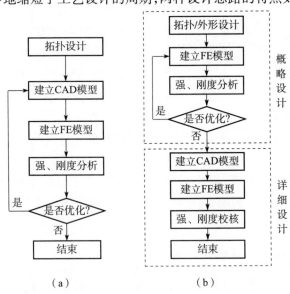

图 6-13 空心夹层结构设计特点

(a)传统设计方法;(b)空心夹层结构设计方法。

空心夹层结构设计方法的核心参数化设计软件,软件的开发周期较长,实现软件的全部功能一般分为三个阶段:

(1)阶段一为具备空心夹层结构几何特征设计能力。软件能够针对空心夹层结构特点,在交互条件下基于设计人员输入的结构几何控制参量,如若干等高度截面的表面控制点数据、壁厚数据、桁架与蒙皮夹角数据、空心区边界位置等,自动完成内部拓扑设计,生成内部几何特征控制点云信息;基于交互方式和承载能力分析要求,生成与分析目标相适宜的有限元模型。三层板空心结构设计软件界面如图 5-40 所示,建模过程中生成不同区域控制点特点如图 6-14 所示,软件基于外形特征和内部几何特征控制参数自动生成了空心区、两侧实心区有限元模型,按照界面下方的建模过程,逐步完成空心夹层结构内部建模,建立的三层板结构空心特征试验件有限元模型分别如图 6-15 所示,该软件能够使用 6 面体网格离散零件,并能够按照要求网格大小,该空心夹层结构蒙皮厚度方向上有 4 层单元,并且第一层单元的厚度为 0.2mm。

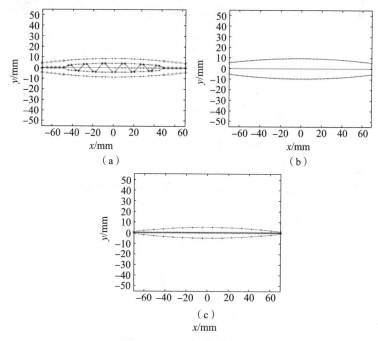

图 6-14　空心夹层结构控制点设计

(a)空心区控制点;(b)根部实心区控制点;(c)尖部实心区控制点。

(2)阶段二为将成形工艺以及承载性能对空心夹层结构几何设计的约束条件集成到软件中,形成考虑具有成形工艺约束的结构设计软件,前者如蒙皮厚度与桁架厚度、桁架与蒙皮最小/最大夹角、桁架与桁架之间最小间距等,后者如桁架与蒙皮的最优夹角范围,桁架毛坯的最小厚度等。

（3）阶段三为将标准试验件、特征试验件获得的材料短时力学数据、疲劳性能数据集成到软件中,形成能够考虑外部载荷、残余应力的空心夹层结构强度、损伤、寿命预测功能。

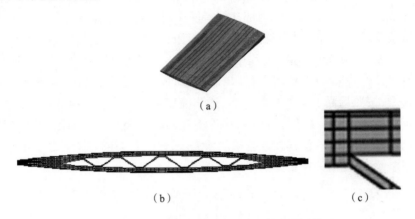

（a）

（b）   （c）

图 6-15　三层板结构空心特征试验件有限元模型

（a）等侧视图；（b）空心等高截面特点；（c）蒙皮及桁架局部放大图。

6.2.2　空心夹层动承载结构设计方法

相对于传统实体结构,空心夹层结构最为显著的拓扑特征为增加了多个自由表面,即位于空心夹层结构的内部自由表面,使得结构在承受载荷时破坏模式呈现出更多样的特点,裂纹或者破坏起始位置可能萌生于结构的表面、次表面或内部表面。空心夹层结构裂纹萌生或者破坏起始位置与结构中的应力分布和结构局部的抗疲劳性能相关,与表面状态、壁厚分布规律、桁架与蒙皮之间夹角大小、表面粗糙度、扩散连接缺陷等因素有关。需要考虑结构表面、内部的应力水平、材料的承载能力,空心夹层结构内部结构特征,缺陷以及残余应力的影响,在设计静承载结构时,通常只需要考虑应力水平与材料承载能力,而设计动承载结构时需要考虑上述全部因素,设计难度较大。

动载荷承载结构设计是否合理的关键是能否将裂纹萌生的理论位置控制于结构的亚表面,这是因为理论分析和试验结果均表明,裂纹萌生位置位于结构的亚表面时空心夹层结构整体疲劳性能最高、寿命最长,产生该现象的原因为:

（1）疲劳裂纹萌生于空心夹层结构表面时,结构的性能主要由材料性能控制,结构抗疲劳性能中等,结构减重设计偏保守:该破坏模式常见于表面未强化的空心夹层结构之中,结构寿命主要受控于材料性能,与结构表面的振动应力幅值、粗糙度等因素有关,一般而言,零件的高周疲劳性能与相同表面状态、相似应力梯度标准试验件的疲劳性能接近。

（2）裂纹萌生于空心夹层结构次表面时,结构性能由材料性能和表面强化水平共同主导,结构抗疲劳性能最好:该破坏模式常见于表面强化且表面强化参数选取合理,内部结构的设计与制造一致性好,无显著应力集中的结构中,该条件下,结构的高周疲劳性能与相同参数强化标准试验件的疲劳性能接近。

（3）裂纹萌生于空心夹层结构内表面,结构性能由材料性能和内部的应力共同主导,结构抗疲劳性能一般最差,通常出现于结构减重激进,设计与制造符合性较差的结构中:这种失效模式主要存在于表面强化的结构中,可分为两种情况:一为结构设计不合理,如蒙皮厚度过小,表面强化工艺参数选择不合理——在有效强化区间中取上限,导致内部结构残余应力较大,在残余应力与振动应力的共同作用下,裂纹从空心夹层结构内部表面萌生;二为设计与制造符合性差,内部几何尺寸公差超出许可范围或存在缺陷,从而引起过大的应力集中。

根据空心夹层结构疲劳失效模式和控制寿命因素,可以基于 Coffin 寿命预测公式和 Goodman 平均应力修正方法建立起空心夹层结构强度。

针对疲劳裂纹从空心夹层结构表面、亚表面、内部表面萌生的情况分别开展基础实验。对于裂纹从表面萌生的情况,利用表面抛光试棒获得不同应力比条件下的材料性能数据;对于裂纹从亚表面萌生的情况,利用表面强化试棒获得不同喷丸强化参数下,材料在对称循环条件下以及在不同拉伸平均应力条件下的性能数据;对于裂纹从内部表面萌生的情况,利用表面抛光试棒以及预制缺口试棒获得不同应力比条件下的材料性能数据,此外,还要结合表面强化参数、结构几何参数计算内部表面残余应力,并通过实验测试获得内表面材料疲劳性能的影响规律。

针对上述三种情况分别建立相应的 Coffin 公式和 Goodman 修正方法,需要开展旋转弯曲疲劳试验,轴向疲劳试验,平均应力不为 0 的疲劳性能试验,而缺陷对疲劳性能的影响则可以使用强度修正的方法考虑。

标准试件轴向疲劳试验数据如图 6-16 所示。制备试件的材料取自空心结构特征试件,实验数据可知,零部件材料轴向加载、应力比 R 为-1 时的疲劳强度为 350MPa,当拉伸平均应力为 100MPa、200MPa 时材料轴向加载的疲劳强度分别为 300MPa 和 250MPa。

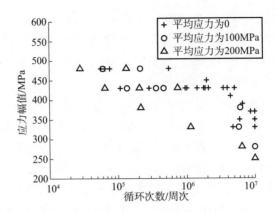

图 6-16　TC4 合金材料光滑试验件轴向疲劳试验结果

　　表面强化后,空心夹层结构内部表面为拉伸残余应力,且残余应力具有双轴特征,内部表面残余应力对疲劳性能的影响可以通过特征试件疲劳性能试验获得,如环形 V 形槽的轴向圆棒试验、环形截面轴向试样等,试件如图 6-17 所示,完成疲劳试验后的环形截面试件如图 6-18 所示。环形截面试件通过在轴向施加拉伸静载荷以及往内部施加载荷的方法,模拟双轴残余应力状态,该试件对正交残余应力之间的相对大小控制方便,使用该试件模拟 W 形桁架空心夹层结构残余应力,获得残余应力对 TC4 合金材料疲劳性能的影响,如图 6-19 所示。

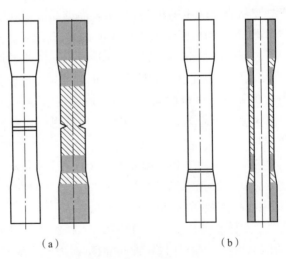

图 6-17　双轴疲劳试件

(a)V 形槽试件;(b)环形截面试件。

图 6-18　完成疲劳试验后的环形截面试件

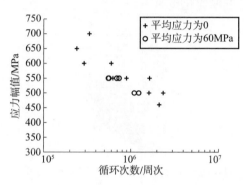

图 6-19　双轴拉伸平均应力对材料疲劳性能影响规律

从标准试件、双轴疲劳试件试验结果可以看出,拉伸平均应力降低了材料的抗疲劳性能;TC4 合金材料在不同应力比条件获得的 S-N 曲线近似为平行线,不同平均应力下材料的疲劳强度如表 6-5 所示。基于试验数据,采用修正 Goodman 公式建立平均应力对 TC4 合金材料性能影响,并针对空心叶片表面强化后内部残余应力相对较小的情况,选用平均应力为 100MPa、200MPa 条件下的试验数据确定平均应力修成参数,获得 Goodman 平均应力修正参数 $k = 0.79$。

表 6-5　不同平均应力下材料的疲劳强度

光滑试件数据			表面强化试件数据			
平均应力/MPa	0	100	200	喷丸强度/(mm/r)	0.2	0.4	0.6
疲劳强度/MPa	360	300	256	疲劳强度/MPa	400	460	430

Goodman 公式为

$$\frac{\Delta\sigma}{\sigma_{-1}} + \left(\frac{\sigma_{m}}{\sigma_{b}}\right)^{k} = 1$$

式中:σ_{-1} 为平均应力为零时材料的疲劳强度;σ_{m} 为平均应力;σ_{b} 为材料的强度极限;k 为常数,与材料相关。

以 W 形桁架空心夹层结构为例,简要分析壁厚、表面强化参数选取对旋转零部件结构表面、内部面的疲劳强度的影响,结构发生弯曲变形时的疲劳强度以及结构在承受某一应力水平下的寿命以及损伤分布规律。W 形桁架空心夹层零件外形特征如图 6-20 所示,采用四种壁厚分布规律,分别为基础壁厚以及在此基础上按照比例变化获得的壁厚分布,分别为 0.5 倍、0.8 倍以及 1.5 倍壁厚模型,上述结构的外形相同,壁厚增加意味着零件的重量增加。图 6-21 为 W 形桁架空心夹层零件的壁厚变化规律。

图 6-20 W 形桁架空心夹层零件外形特征

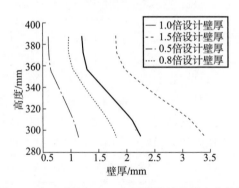

图 6-21 W 形桁架空心夹层零件的壁厚变化规律

选择了 2 类强化工艺、5 组表面强化参数进行分析,如表 6-6 所示,湿喷丸强化工艺中选择了三组参数,喷丸强度分别为 0.3mmN、0.4mmN 和 0.5mmN,覆盖率均为 200%;干喷丸强化工艺参数选择了二种,喷丸强度分别为 0.15mmA、0.2mmA,覆盖率均为 200%。上述表面强化参数均在基于标准试棒疲劳试验确定的表面强化参数选取区间内,在该区间内,提高喷丸强度将提高表面强化水平,标准试棒的疲劳强度也随之增加,因此,对于传统结构,通常选取表面强化参数的最高点,如对于湿喷丸强化工艺,喷丸强度选择在 0.5mmN 左右,对于干喷丸强化,喷丸强度选择在 0.15mmA 左右。

表 6-6　表面强化参数

湿喷丸强化时的喷丸强度/mmN			干喷丸强化时的喷丸强度/mmA	
0.3	0.4	0.5	0.15	0.2

建立 W 形桁架空心夹层结构有限元模型,分析其在旋转状态下的应力分布,其转速为 10000r/min,位移边界条件为零件下侧的表面固定,其余区域自由,离心应力分布规律如图 6-22 所示,离心应力的高应力区位于底部,零件高度方向上的中部区域为离心应力的高应力区。分析了该零件一阶振型下的应力分布,如图 6-23 所示,这与零件高周疲劳性能考核时的应力分布一致,也是零件在服役时常见的变形之一,该状态下,振动应力的极值点位于零件的底部,沿着零件高度方向,在其高度 2/3 以下区域应力水平较高,并且高度方向上的应力梯度很小。

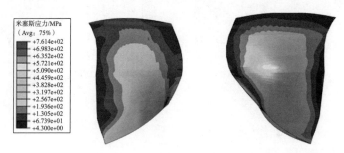

图 6-22　W 形桁架空心夹层结构旋转状态下的应力分布规律

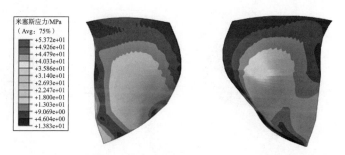

图 6-23　W 形桁架空心夹层结构一阶振型下的应力分布

喷丸强化参数对 0.8 倍壁厚 W 形桁架空心夹层结构变形规律的影响如图 6-24 所示,从中可知,提高喷丸强度导致结构最大变形量增加,但变形规律一致,W 形桁架空心夹层结构顶部前缘的变形量最大,尾缘的变形量较大,采用 0.3mmN 工艺参数强化时,零件最大变形量为 0.302mm,采用 0.4mmN 工艺参数强化,零件最大变形量为 0.511mm,采用 0.5mmN 工艺参数强化,零件最大变形量为 0.597mm。

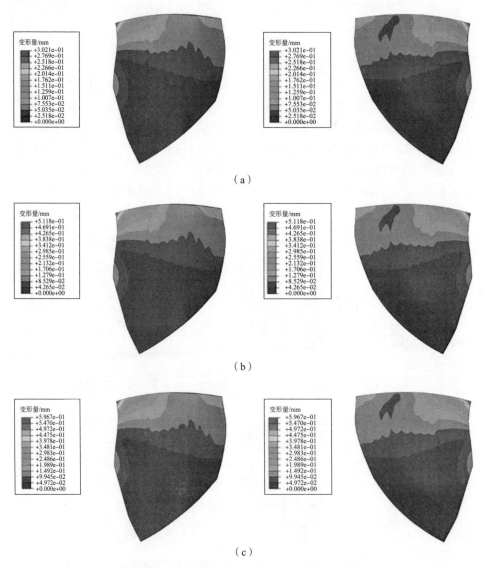

(a)

(b)

(c)

图 6-24 表面强化对空心夹层结构变形影响规律

(a)喷丸强度 0.3mmN、0.8 倍壁厚;(b)喷丸强度 0.4mmN、0.8 倍壁厚;(c)喷丸强度 0.5mmN、0.8 倍壁厚。

根据分析可知,喷丸强化参数引起零件的变形、残余应力大小不同,但是规

律相似,以喷丸强度 0.3mmN、0.8 倍壁厚参数,残余应力分布规律为:

(1)表面强化后 W 形桁架空心夹层结构表面米塞斯应力分布规律如图 6-25 所示,这类结构空心区的刚性较差,容易发生变形,降低该区域的残余应力,因此,零件表面残余应力分布特点为实体区域残余应力较大,空心区残余应力相对较小;

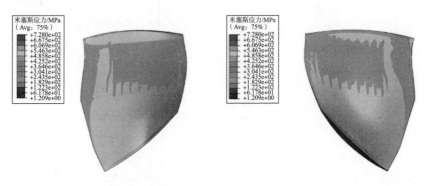

图 6-25　表面强化后外部表面残余应力分布
（喷丸强度 0.3mmN、0.8 倍壁厚）

(2)表面强化后 W 形桁架空心夹层结构内部表面米塞斯应力分布规律如图 6-26 所示,空心区内部表面残余应力呈周期分布,扩散连接界面区域的残余应力大于其余区域。

图 6-26　表面强化对内部表面残余应力影响规律
（喷丸强度 0.3mmN、0.8 倍壁厚）

表面强化参数、壁厚因素对空心夹层结构内部表面最大残余应力的影响规律如图 6-27 所示,空心夹层结构内部表面的残余应力随着壁厚的减少而增加,随着喷丸强度的增加而增加,以 0.8 倍壁厚的 W 形桁架空心夹层结构为例,当喷丸强度为 0.3mmN 时,内部表面残余应力为拉伸应力,最大残余应力为

45MPa,如果喷丸强度为 0.2mmA 时,内部表面的最大残余应力达到 160MPa 左右。如果壁厚为 0.5 倍壁厚、表面强化参数为 0.2mmA,则内部表面最大残余应力将接近 250MPa。

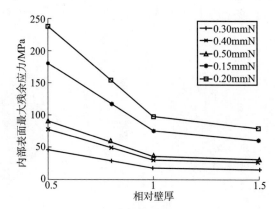

图 6-27　相对壁厚以及喷丸强度对空心夹层结构内部表面最大残余应力的影响

　　基于寿命预测模型获得 W 形桁架空心夹层结构在 1 倍壁厚、一阶弯曲振形、相同振幅下,喷丸强度变化对结构损伤的影响规律,获得零件凹面、凸面以及凸面内部表面损伤分布规律,如图 6-28~图 6-30 所示。从图中可知,喷丸强度为 0.3mmN 时,最大损伤位于 W 形桁架空心夹层结构的凸面、展向的中部,这与振动最大应力位置一致,零件凸面一侧的内部表面损伤较小,损伤较大区呈线状,为扩散连接界面与蒙皮形成的三角区边界位置,与桁架与蒙皮交点处应力集中相关。此外,随着喷丸强度的提高,表面的损伤降低而内部表面的损伤增加,当喷丸强度增加至 0.5mmN 时,桁架与蒙皮交点处的损伤将显著大于外部表面,这意味着裂纹将从桁架与蒙皮交点处萌生。

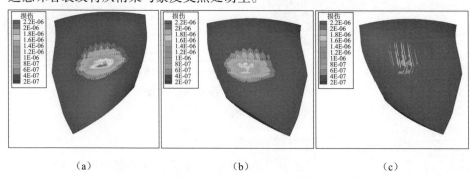

(a)　　　　　　　　　　　(b)　　　　　　　　　　　(c)

图 6-28　振动应力作用下损伤分布规律(0.3mmN)
(a)凸面;(b)凹面;(c)凸面内表面。

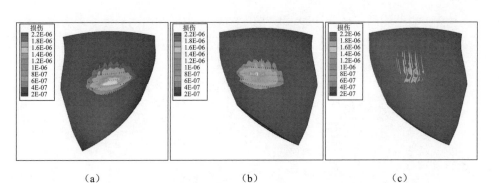

图 6-29 振动应力作用下损伤分布规律(0.4mmN)
(a)凸面;(b)凹面;(c)凸面内表面。

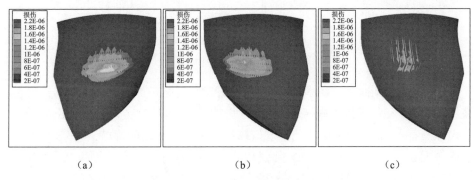

图 6-30 振动应力作用下损伤分布规律(0.5mmN)
(a)凸面;(b)凹面;(c)凸面内表面。

空心夹层结构的破坏模式与结构的几何参数、表面强化参数相关,按照传统的零部件设计流程,前者位于设计流程的上游,因此,表面强化工艺参数的设计一般基于确定的几何参数开展。在选择空心夹层结构表面强化参数时,应当基于标准试件疲劳试验数据确定的强化参数区间,所选取的强化参数范围应使得理论的薄弱位置位于结构的亚表面,在满足该条件下,才能保证零件具有最高的抗疲劳性能。

图 6-31 阐述了将空心夹层结构理论薄弱位置放在零件亚表面的原因。图中所示曲线为 1.0 倍壁厚条件下,表面强化参数对 W 形桁架空心夹层结构表面寿命、内部表面寿命的影响规律,从中可知:

(1)当零件表面不强化或强化水平较低时,外部表面、内部表面的状态接近,均为机械加工状态,这两个表面的材料抗疲劳性能接近,此外,结构的理论设计保证了在正常服役时表面的交变应力高于内部,同时,该条件下结构残余应力小,不会影响结构的抗疲劳性能。基于以上特点,表面和内部的疲劳寿命由振动应力的幅值和材料性能主导,因此,零件外部表面的裂纹萌生时间低于内部表面,零件的寿命由表面裂纹萌生时间决定。

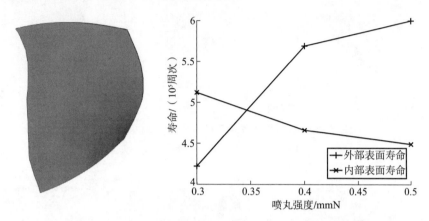

图6-31　表面强化参数对三层板结构内外表面寿命影响规律

（2）提高强化水平,零件外部表面的状态改变,提高了该区域材料的抗疲劳性能,而内部表面仍为机械加工状态,因此,零件材料抗疲劳性能呈现出表面高于内部的特点,而表面强化工艺不改变结构宏观外形和载荷特点,外部表面的交变应力不会变化,仍然高于内部,但强化后在结构表面至亚表面之间的压缩残余应力会在结构内部诱发拉伸状态的残余应力,而内部表面的交变应力幅值也不发生变化,因此,内部表面的裂纹萌生时间缩短,变化量随着表面强化水平的增加而增大,因此,表面强化水平的增加会提高零件外部表面裂纹的萌生时间但会缩短内部表面的裂纹萌生时间,在某一个强化水平时,当内部、外部表面寿命相同点时,此时空心夹层结构整体寿命最长。

（3）表面喷丸强度进一步提高,表面材料的抗疲劳性能继续增强,同时,这一过程在结构内部诱发的拉伸状态残余应力也进一步增加,内部表面的裂纹萌生时间进一步缩短,因此,在这一过程中,空心夹层结构寿命随着表面强化水平的增加而缩短的现象。

以某型W形桁架空心夹层结构为例说明结构的这一特点,该零件蒙皮厚度为1.0倍壁厚,采用湿喷丸工艺强化表面,标准试件疲劳试验获得该工艺对TC4合金可选择的强化参数区间为0.2~0.55mmN,分析零件表面振动应力幅值为500MPa条件下,喷丸强度提高零件寿命的影响（图6-31）,可以看出,喷丸强度为0.35mmN时外部表面寿命和内部表面寿命相同,可以获得最好的性能。在工程实践中,可将喷丸强度选为最优解的下侧,即让外部表面的抗疲劳性能略低于内部表面的,在外场服役中表面裂纹更便于无损检测。

空心夹层结构内部几何特征复杂,在结构设计中存在大量简化和抽象过程,此外,结构强度评价判据与内部结构特点、工艺特点相互耦合,建立精确判据的难度大,新结构的设计与开发过程需要将理论设计、工艺设计、试验评价紧密联合在一起。

6.3　结构准静态承载性能评价以及优化方法

早期,空心夹层结构主要用于承载静态或准静态载荷,用作次承力结构使用,如飞行器的安定面、舵面,发动机的支板、尾喷口收敛/扩张调节片等,在已开展的准静态承载性能实验中,实验对象包含安定面、舵面,实验目的为测试气动载荷作用下的结构的强度和刚度。在承载静态或准静态载荷时,影响空心夹层结构破坏的因素较少,随着虚拟分析技术的进步,其预测准确度已经能够满足静承载结构设计的需要,很大程度上取代了准静态承载验证实验。

6.3.1　准静态承载性能评价

舵面、翼面类零件承受的载荷以气动力为主,气动载荷与结构表面垂直,按照一定的规律分布于结构表面,气动载荷产生的面压力较小,通常不会造成结构损伤;气动力在结构的连接部位会产生气动弯矩,形成较大的弯曲应力,这一区域通常为结构中壳体和实体的搭接区或过渡区,几何的变化产生应力集中,两方面因素相互耦合对结构承载性能有不利影响,因此,需要对这类结构的承载性能进行实验考核,通常的做法是以安全系数和最大设计载荷的乘积作为目标值,采用准静态的加载方式将载荷作用于零件上,获得零件响应规律,长期以来,实验人员一直在致力于寻找到一种更接近于气动载荷特点的加载方法。

早期试验中,人们将胶带连接在结构表面上,用于传递拉伸载荷,通过设置多个加载点使得载荷均匀作用在试件表面上,结合专用夹具以保证结构发生大变形时,也能控制载荷的均匀性;近年来,发展出了利用气囊加载的考核方法,能够使载荷更均匀地分布于被测结构的表面。

某空心夹层结构静力承载试验如图 6-32 所示,结构的一端刚性固定,在其表面安装有 4 组胶带,用以提供拉伸载荷。该空心夹层结构承受准静态载荷时(图 6-33)的位移和应变随载荷变化曲线如图 6-34 所示。在加载的起始阶段,结构的变形量和载荷之间服从线性变化关系,载荷达到一定程度后,零件的变形量随着载荷的增加急剧增加,直至失效,检查表明,零件的破坏部位靠近夹持端,为结构空心区和实心区的过渡部位,该区域也为理论分析得出的结构最大应力区,试验表明,空心夹层结构在承受静载荷时,发生破坏的部位主要受应力大小控制,通常在应力最大的区域。

图 6-32　空心夹层结构静力承载试验

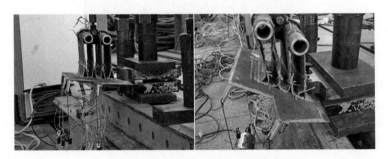

图 6-33　零件准静态拉伸试验

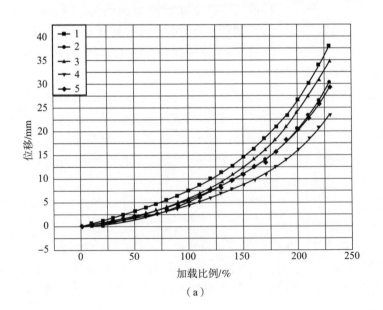

（a）

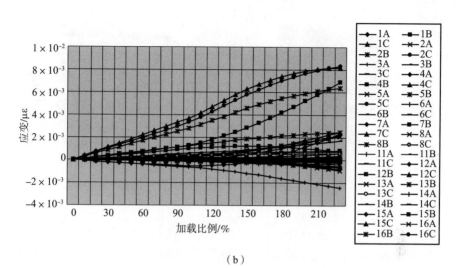

（b）

图 6-34　准静态拉伸试验中载荷-位移规律以及载荷-应变规律
（a）载荷-位移曲线；（b）载荷-应变曲线。

6.3.2　准静态承载破坏模式及结构优化

　　舵面、翼面零件在准静态加载时的破坏特征如图 6-35 所示,破坏部位靠近夹持端,为空心区和实心区之间的搭接部位。针对该结构在准静态加载过程中的装夹、加载特点,通过数值方法获得应力分布规律,如图 6-36 所示。分析中将结构简化为实体和壳体两个部分,销钉孔及附近区域为实体结构,其余区域为空心区,这个区域采用壳体单元建模,分析结果表明,高应力区位于销钉孔附近,与试验中结构的破坏位置一致,这表明空心夹层结构在静载荷作用下的破坏模式主要由宏观的应力分布决定。

图 6-35　空心夹层结构在准静态加载时的破坏特征

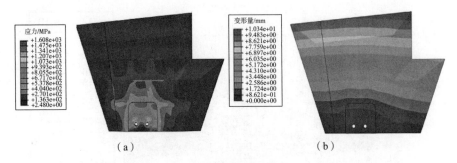

（a）　　　　　　　　　　　　（b）

图 6-36　空心夹层结构静载条件下的响应
（a）应力场；（b）变形场。

　　根据空心夹层结构的破坏特点，提高其准静态承载性能的主要思路为降低结构的应力集中程度以及降低结构中最大应力点的应力水平，如实体与壳体之间过渡区，只考虑成形而不考虑承载特性时可设计成为图 6-37（a）所示结构形式，这种设计方案中存在几何突变，应力集中程度较高。可以通过降低厚度变化梯度，如采用图 6-37（b）所示的阶梯形过渡或者圆角过渡，可以减缓结构局部刚性差异和承载面积的变化率，可以有效提高结构的承载性能。

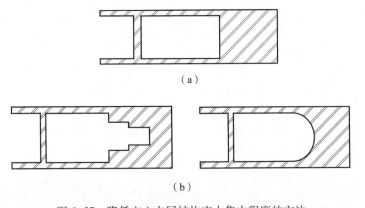

（a）

（b）

图 6-37　降低空心夹层结构应力集中程度的方法
（a）未考虑承载需求的结构设计（几何过渡剧烈，应力集中程度高）；（b）减缓应力集中程度的设计。

6.4　结构承载交变承载的性能评价以及优化方法

　　近年来，空心夹层结构应用范围逐步扩展到主承载结构、动载荷承载结构，如大涵道比涡扇发动机的风扇叶片，发动机可调叶片等，这些零部件工作中存在疲劳失效的风险，疲劳性能薄弱位置由结构设计、工艺特点、残余应力、制造与设计符合性等多个因素共同决定。此外,随着航空、航天载具设计指标对零部件结构、性能要求的不断提高,空心夹层结构承受的负荷增加,结构中几何不连续性、承载性能不均匀性,振型局部化等特征对疲劳性能的影响日益显著,先进零部件对相适应的疲劳测试理论和实验技术的需求日益迫切。

▲6.4.1　疲劳性能评价

测试结构疲劳性能的常规方法有三类:

(1) 施加随机振动载荷,载荷以功率谱密度的形式出现,实验依据为 GJB 150-16—86《军用设备环境试验方法——振动试验》,常见于飞机零部件的疲劳性能试验中;

(2) 低周疲劳试验,通过液压驱动机构对结构施加载荷;

(3) 施加固定频率的正弦周期载荷,载荷以应力幅值的形式出现,试验依据为 HB 5277—84《发动机叶片及材料振动疲劳试验方法》,这种试验方法能够测试结构疲劳性能的 $S-N$ 曲线和结构的疲劳强度,常见于航空发动机中零件的测试,空心夹层类零件的高周疲劳试验也多依据此标准。

空心夹层结构疲劳试验主要的设备为激励设备、振幅传感器、加速度传感器和应变测量设备。激励设备将载荷施加在试验件上,以电磁振动台(图 6-38)最为常见,这类设备的激励频率为 10~3000Hz,调节便捷,既能够对试验件施加固定频率的正弦周期激励,又能够依据设定的功率谱密度谱施加载荷。电磁振动台主要有两个缺点:

(1) 随着激励频率的增加,设备自身的运动部件和工装夹具消耗的能量急剧增加,难以使结构发生较大的变形,应力幅值较小;

(2) 设备频率的上限较低,激励频率通常不超过 10kHz。

近年来,利用磁致伸缩材料响应迅速的特点,开发出了激励频率达到 25kHz 的加载装置(图 6-39),这类激励装置能够提供的推力相对较小,不适用于大型零件的疲劳性能测试,目前常用测试航空发动机高压压气机叶片振动疲劳性能。

中、大涵道比航空发动机风扇叶片疲劳性能测试时,需要使用牢固的夹具固定试件,夹具的质量一般达到数百千克,要针对这类结构开展高阶振型振动疲劳试验,消耗在工装夹具上的能量较大,在试件上产生的振动应力较小,针对此问题,开发了基于气动原理的加载装置,通过高速气流直接将载荷传递到叶片上,使得叶片在高阶振型下振动时也能获得较高的应力水平,解决了这类叶片传统测试方法中测试周期长的难题,加载装置如图 6-40 所示。

图 6-38　电磁振动台

图 6-39　磁致伸缩加载装置

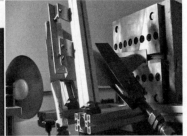

图 6-40　气动加载疲劳试验装置

　　疲劳试验中,位移传感器、加速度传感器用于实时感知试验件的状态,将信息反馈给激励设备,形成闭环负反馈,实现对试件试验状态的控制。加速度传感器比较成熟,常见于随机振动试验中;位移传感器常见于固定频率下的疲劳试验中,传统采用电涡流位移传感器测量位移数据,其量程较小,且探头的理论工作距离较短,易出现传感器试件发生碰磨或者波形失真现象,因此,这类传感器正逐步被激光位移传感器所取代。数字式激光位移传感器测量精度高,抗干扰能力强,探头距离被测零件的距离可达到100mm 以上,其中基于三角形测距法的激光位移传感器各方面性能较为均衡,电激光位移传感器如图 6-41 所示。

　　疲劳试验中,夹具用于将试验件与激励设备连接起来并传递载荷,要求夹具重量轻,刚性好且在试验的频率范围内不存在共振频率。

　　随机振动试验中,夹具的结构形式较为简单,可采用压板简单固定,也可以设计专用的固定装置,对零件的安装位置通常没有严格的限制,仅需要保证能够对结构三个方向施加载荷即可,因此夹具设计相对简单,图 6-42 所示为某型舵面的随机振动试验夹具,一次可以对四个零件进行装夹。

图 6-41　激光位移传感器

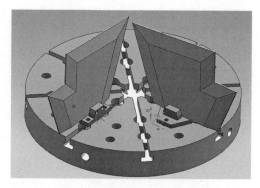

图 6-42　随机振动试验夹具

固定频率正弦加载疲劳试验中,利用共振原理在试件生成稳定的交变应力,如在航空发动机各类叶片的疲劳试验。一般要求结构上的稳态交变应力不低于 300MPa。钛合金空心夹层零件用于制造低压压气机转子或静子部件时,通常结构尺寸大,在要求的考核应力水平下,结构的振幅大,如展长为 250mm 的叶片,考核部位应力幅值为 340MPa 时,其最大振幅约为 25mm,展长为 780mm 的大涵道比发动机风扇叶片,考核部位应力为 340MPa 时,最大振幅约为 60mm。

试验件变形大将导致夹具的负荷大,如果夹具刚性较差、发生变形,则夹具传递载荷的效率降低。提高夹具的刚性和承载能力通常可以从两个方面入手:

(1) 优化夹具的形状,如增加夹具与激励装置的接触面积,如图 6-43(a)所示。

(a)　　　　　　　　　(b)

图 6-43　试件装夹在垂直台面和水平滑台上

(增大试件变形平面内夹具与振动台接触尺寸可显著提高夹具刚性、降低应力)

(a)试件装夹在垂直台面上;(b)试件装夹在水平滑台上。

227

（2）选择合适的固定位置，如果试件尺寸小、重量较轻时，可将其固定在振动台的垂直台面上；如果试件尺寸较大、结构重心距离夹具较远时，可将试件垂直固定在振动台的水平滑台上，如图6-43(b)所示。

6.4.2 结构疲劳破坏模式及优化

SPF/DB结构用于承载交变载荷时，结构的疲劳性能是研制中最大的难题。H形空心夹层结构具有一定的交变载荷承载能力，在动载荷水平不高的服役环境中可以使用这类结构，如发动机的进气口整流叶片、调节叶片等。这类零件对结构的表面完整性要求不强烈，一般采用表面打磨的方式，表面粗糙度 Ra 在0.4左右，在实验室的加载条件下，结构的疲劳强度一般能够达到300MPa，图6-44(a)所示为某型发动机可调叶片振动疲劳试验，其失效模式如图6-44(b)和图6-44(c)所示，结合应力分布云图可知，图6-44(b)的破坏部位为结构中的最大应力区域，为正常失效；图6-44(c)所示的部位位于空心-实体的过渡区，这个部位的振动应力水平较低，为非正常失效。

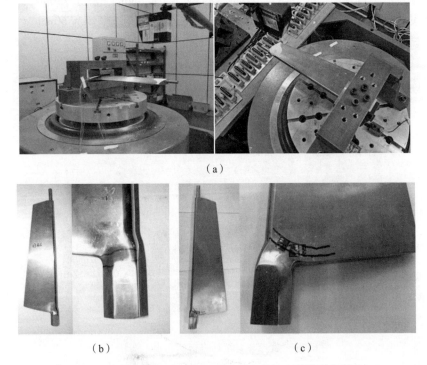

（a）

（b）   （c）

图6-44 H形四层板结构振动疲劳试验特点及其破坏特点
（a）振动疲劳试验特点；（b）裂纹萌生于夹持部位；（c）裂纹萌生于叶身。

　　H形空心夹层结构正常失效时,裂纹源区的宏观照片以及裂纹萌生位置照片如图6-45所示,裂纹萌生于结构的表面,试验件疲劳寿命与该区域的表面质量关系很大,图6-45(b)所示为裂纹萌生于表面加工的刀痕处,因此,提高结构的表面完整性,能有效提高疲劳寿命。

（a）　　　　　　　　　　　　　（b）

图6-45　H形空心夹层结构正常失效时疲劳裂纹萌生位置照片

(a)断口宏观照片;(b)断口SEM照片。

　　H形空心夹层结构非正常失效时裂纹萌生部位的照片如图6-46所示,裂纹

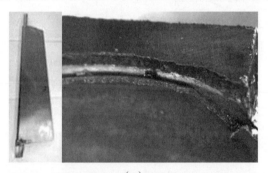

（a）

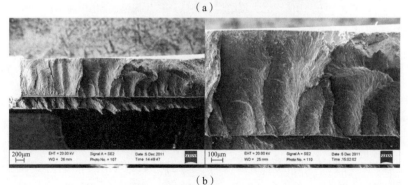

（b）

图6-46　H形空心夹层结构非正常失效时疲劳裂纹萌生位置照片

(a)断口宏观照片;(b)断口SEM照片。

萌生于结构中的"三角区"。三角区诱发裂纹萌生的机理较为复杂,如材料的不连续性引起的应力集中、几何变化引起的应力集中、制造工艺波动引起的残余应力不均匀等。"三角区"是 H 形空心夹层结构的固有特征,与制造工艺、成形过程有关,优化制造工艺能够有效控制三角区尺寸,提高结构的疲劳性能。

从制造工艺上,提高 H 形空心夹层结构疲劳性能有两条途径:

(1) 优化工艺参数减小三角区,如提高成形温度、延长成形过程中气压的保持时间,这种方法对 H 形空心夹层结构内部的三角区尺寸控制均适用。随着三角区尺寸减小,促使三角区继续变形的应力也相应地减小,通过式(6-1)、式(6-2)可知,促使三角区尺寸减小的应力与三角区变形呈线性变化规律,以 H 形四层板结构为例,内部毛坯的初始厚度通常为 0.8mm,成形内部结构气压为 3.0MPa,对于 TC4 合金,在约 900℃ 时,当三角区半径减小至 0.1mm 时,材料的应变速率将小于 $10^{-5}/s$,即三角区尺寸不可能进一步减小,通过提高成形过程的环境温度可降低蠕变抗力,能够减小三角区尺寸,但同时材料性能将会恶化。图 6-47 为 H 形空心夹层结构三角区局部几何模型和应力模型。

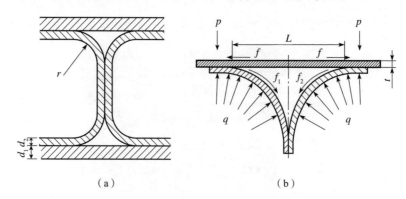

图 6-47　H 形空心夹层结构三角区局部几何模型和应力模型
(a)几何模型;(b)应力模型。

$$\sigma = \frac{p \times r}{d_2} \tag{6-1}$$

$$\sigma = K\dot{\varepsilon}^m \varepsilon^n \tag{6-2}$$

(2) 优化毛坯结构形式,如将结构空心区与实体区的过渡形式从垂直过渡修改为圆角过渡或至椭圆形过渡(图 6-48),可以有效的降低 H 形空心夹层结构中空心-实体过渡位置的三角区尺寸,采用椭圆形圆角过渡的方案理论上可完全消除空心-实体边界上的"三角区",如图 6-48 所示,上述改进措施对于 H 形空心夹层结构空心-实体过渡区的三角区尺寸控制最为有效。

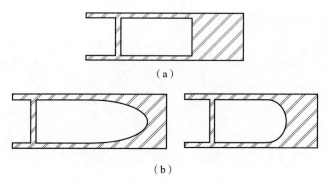

（a）

（b）

图 6-48　降低 H 形空心夹层结构应力水平的方法

（a）H 形四层板结构典型截面；（b）减小空心-实体过渡位置三角区尺寸。

通过选择其他形式的内部结构可以消除 H 形空心夹层结构中的"三角区"固有结构特征，如采用"X 形"的桁架结构，如图 6-49 所示，制造内部为 X 形结构的工艺过程与 H 形结构相似，但可以完全消除"三角区"特征，并且适合于制造厚度较大的零件，制造 X 形结构的工艺对内、外层毛坯厚度、桁架与毛坯夹角之间的配合关系有限制，如将桁架与蒙皮夹角设计为 45°时，通常要求内、外层毛坯厚度比小于等于 0.33，否则将影响零件表面成形质量的控制，因此，X 形结构的减重效率低于 H 形结构，如果结构成形后通过后续辅助工艺去除 X 形结构蒙皮材料，则可以使其减重效率与 H 形结构处于同一水平。

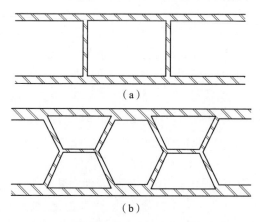

（a）

（b）

图 6-49　降低四层板结构应力水平的方法

（a）H 形四层板结构典型截面；（b）采用 X 形四层板结构。

钛合金 W 形三层板空心结构疲劳裂纹萌生位置为表面、亚表面和内部表面。某型叶片在实验室环境下的裂纹萌生特点如图 6-50 所示。

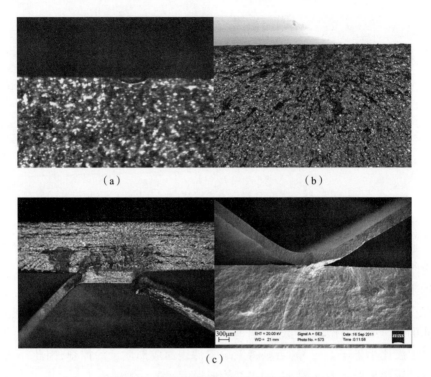

（a）　　　　　　　　　　　　　　　（b）

（c）

图 6-50　实验室条件下叶片疲劳破坏特点

（a）裂纹从结构表面萌生；（b）裂纹从结构亚表面萌生；（c）裂纹从结构内部表面萌生。

砂带磨削是提高结构表面质量的传统方法,钛合金 W 形结构砂带磨削通常要求表面粗糙度 Ra 大于 0.4,表面磨削钛合金 W 形三层板结构疲劳裂纹表面萌生特点如图 6-51 所示,裂纹萌生于结构的表面,振动疲劳试验中,振动应力最大值位于结构的表面为正常失效,但当结构表面完整性较差板时,如局部磨削不到位,使得结构表面存在磨削/加工刀痕,如图 6-51(b)所示,将降低结构的疲劳性能,针对性的措施为提高表面粗糙度控制要求,避免局部粗糙度不满足要求,同时,要求砂带的打磨方向与结构承受的主应力方向平行等。

在传统实体结构的工程化应用中,就将表面强化作为提高结构疲劳性能的一种有效手段,常见的强化工艺有滚压强化、喷丸强化、激光冲击强化等,通常认为,这些强化方法通过在结构的外部表面至亚表面之间引入压缩残余应力场,增加了裂纹的萌生时间、延长了微小裂纹扩展时间,从而提高了结构整体的疲劳寿命。这些方法也在钛合金 W 形三层板结构中获得应用,为了获得不同强化程度/工艺参数对结构疲劳性能的影响,采用空心特征试件(图 6-52)或直接采用真实的零部件,图 6-52 所示从左至右分别为表面打磨、高强度表面强化和中等

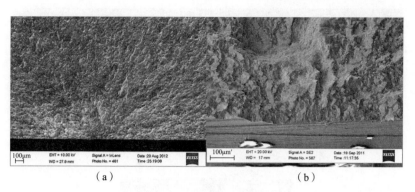

图 6-51　表面磨削钛合金 W 形三层板结构疲劳裂纹表面萌生特点

(a)萌生于结构的表面;(b)裂纹萌生于加工刀痕。

表面强化的试验件,三类试验件疲劳裂纹萌生位置不同,分别为结构的外部表面、亚表面和内部表面,如图 6-53 所示,三者的疲劳寿命如图 6-54 所示,表明中等喷丸强度条件下结构的寿命最长。

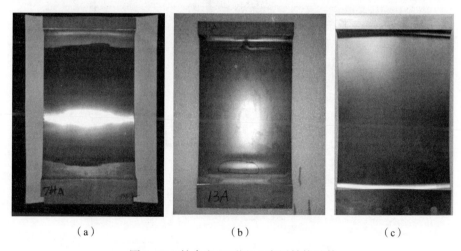

图 6-52　钛合金 W 形空心夹层结构试件

(a)表面打磨;(b)高强度表面强化;(c)中等表面强化。

钛合金 W 形三层板结构的内部几何特征由工艺过程保证,制造精度对局部的应力集中程度影响显著,使得内部结构的应力水平偏离理论设计,如果应力水平达到一定程度可能导致疲劳裂纹从结构内部萌生,由制造偏差引起的内部裂纹萌生如图 6-55 所示。这些制造偏差包括:① 蒙皮厚度偏离理论设计;② 扩散连接界面宽度小于理论设计;③ 桁架与蒙皮夹角偏离理论设计;④ 扩散连接界面缺陷等;⑤ 桁架局部扭曲等。在零件制造中应对上述偏离进行控制。

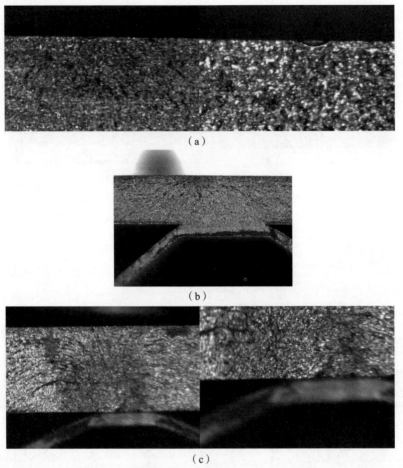

图 6-53 表面强化对钛合金 W 形空心夹层结构疲劳裂纹萌生的影响

（a）未获得有效强化(裂纹萌生于外部表面)；（b）表面强化程度在一定范围内（裂纹萌生于亚表面）；

（c）表面强化程度过大(裂纹萌生于内部表面)。

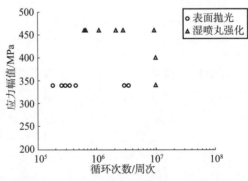

图 6-54 不同表面状态试验件疲劳寿命对比

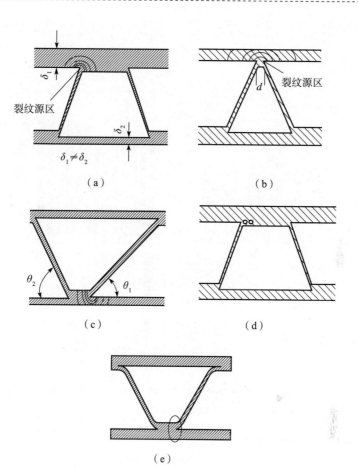

图 6-55　内部局部应力集中导致的裂纹萌生
(a)蒙皮厚度偏离理论设计;(b)扩散连接界面宽度小于理论设计;
(c)桁架与蒙皮夹角偏离理论设计;(d)扩散连接界面缺陷;(e)桁架局部扭曲。

　　钛合金 W 形三层板结构的疲劳寿命与结构设计、制造工艺密切相关,在结构设计方面,需要结合制造工艺特点和可达性,合理控制材料分布,使得结构中应力分布合理,使得结构中厚实的部位承担较多的载荷,而相对薄弱的部位,如扩散连接界面等,则安排在一个相对较低的应力水平下;而对于制造环节而言,提高结构的设计-制造一致性,对结构几何进行控制,主动简化结构的应力集中程度,从而获得寿命长、承载性能好且结构重量低的理想结构。虽然钛合金空心结构裂纹萌生位置较多,通过统计的方法可以获得裂纹萌生位置与结构寿命之间的规律,如图 6-56 所示,可以看出,裂纹萌生于亚表面的结构,其疲劳性能相对较好。这一规律可作为钛合金空心结构/工艺设计优化的方向。

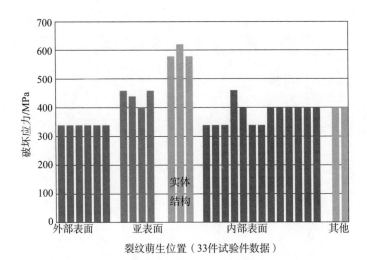

图 6-56　裂纹萌生与空心夹层结构疲劳寿命的规律

参考文献

［1］DAVID SERRA. Superplastic forming applications on aero engines：A review of ITP manufacturing processes［C］. 6th EUROSPF Conference，Carcassonne，2008.

［2］Whurr J. Future Civil Aeroengine Architectures & Technologies［Z］. 2013.

［3］RITZMANN S, COURTNEY S.　Blade runners［EB/OL］.（2016-05-21）［2022-06-1］. https://mpi-home. com/files/pdf/art_mp_rolls-royce_hcf_tests_12_15. pdf.

［4］Chopped Air Testing［EB/OL］.（2016-01-10）［2022-06-1］. https://www. element. com/aerospace/aero-airfoil-component-high-cycle-fatigue-testing.